海外油气勘探开发关键技术丛书

桑托斯盆地盐下湖相碳酸盐岩沉积机理与储层评价

文华国 康洪全 李 云 贾怀存 等 著

科 学 出 版 社

北 京

内 容 简 介

桑托斯盆地盐下湖相碳酸盐岩储层较罕见，且与国内外常见湖相碳酸盐岩存在较大差异，其沉积机理分析面临诸多难题。本书针对桑托斯盆地盐下白垩系ITP—BV组湖相浅滩和微生物礁灰岩，建立一套湖相碳酸盐岩沉积成因理论和储层评价技术，主要内容包括：厘清湖盆的沉积演化特征，建立断陷湖盆"缓坡聚滩"和"坡折控礁"沉积模式，探讨桑托斯盆地盐下湖相碳酸盐岩"三元控储"储层成因机理，确立"基底构造-古地貌-地震相"三要素递进约束的大型断陷湖盆礁滩储层识别新方法，明确有利礁滩储层平面展布。根据盐下湖相碳酸盐岩沉积、储层发育控制因素，基于丰富的地震资料完善古地貌特征研究、不同层序构造及沉积时空演化规律、不同区块礁滩相带发育特征等研究内容。

本书可供从事碳酸盐岩油气勘探的地质工作者、开发人员及矿产普查与勘探等相关专业高校师生参考阅读。

图书在版编目（CIP）数据

桑托斯盆地盐下湖相碳酸盐岩沉积机理与储层评价/文华国等著. —北京：科学出版社，2022.6
（海外油气勘探开发关键技术丛书）
ISBN 978-7-03-070941-7

Ⅰ.① 桑… Ⅱ.① 文… Ⅲ.①碳酸盐岩油气藏-湖相沉积-储集层-研究-巴西 Ⅳ.① P618.130.2

中国版本图书馆 CIP 数据核字（2021）第 261907 号

责任编辑：何 念 严艺蒙/责任校对：高 嵘
责任印制：彭 超/封面设计：苏 波

科 学 出 版 社 出版
北京东黄城根北街 16 号
邮政编码：100717
http://www.sciencep.com
武汉精一佳印刷有限公司印刷
科学出版社发行 各地新华书店经销
*
开本：787×1092 1/16
2022 年 6 月第 一 版 印张：12 1/4
2022 年 6 月第一次印刷 字数：290 000
定价：158.00 元
（如有印装质量问题，我社负责调换）

前　言

湖相碳酸盐岩发育主要集中于中生代和新生代，自三叠纪到新近纪的古湖泊中均有分布，具有良好的生油和储油能力。作为陆相含油气盆地中一种特殊的油气储层类型，湖相碳酸盐岩在国内外均有一定的油气发现。我国湖相碳酸盐岩的著名实例包括渤海湾盆地济阳拗陷古近系生物礁灰岩、四川盆地中侏罗统大安寨组介壳灰岩、柴达木盆地西部中新统油砂山组和始新统干柴沟组生物礁灰岩、松辽盆地大庆油田白垩纪介形虫灰岩等。国外实例有巴西坎普斯盆地、俄罗斯滨里海盆地、美国绿河盆地等的湖相碳酸盐岩。

湖泊系统动力复杂多变，湖相碳酸盐岩沉积受构造运动、古气候、古水动力条件和古水介质性质等多重因素的控制，其发育特征明显：①湖相碳酸盐岩是古湖盆从淡水向咸水直到盐、碱湖演变过程的产物，一般发育于构造活动相对稳定、湖盆水体持续扩张的阶段；②湖相碳酸盐岩较多地形成于温热甚至干热的气候条件；③湖相碳酸盐岩较广泛分布于浅水区域；④湖相碳酸盐岩层具有沉积周期短、层数多、单层薄、呈规律性变化等特点；⑤岩石类型多变、物源复杂、成分不纯，并以盆内和近源沉积物为主，其结构和成因的基本特征随沉积环境的变化而异；⑥生物沉积作用显著，生物组合简单、变化快；⑦不同相带上的碳酸盐岩类型在平面上呈连续或不连续的带状环湖岸分布，滩相和礁相在滨浅湖区相对隆起的正地形顶部或斜坡地带发育；⑧湖相碳酸盐岩的产状因沉积相的差异而不同，如四川盆地中侏罗统大安寨组介壳灰岩沿滨浅湖区相对隆起部位呈环带状绕湖分布，滨浅湖区的灰（云）岩厚度大并呈不连续片状或连续带状环岸分布，浅水隆起区的灰（云）岩呈透镜状并在高部位厚度较大，半深湖-深湖区的灰（云）岩多呈薄层状夹在黑色泥岩中；⑨陆源碎屑混杂普遍。正是由于湖相碳酸盐岩储层类型多、岩性复杂、储集性能差异大等特性，使其难以预测，一定程度上制约了该区的油气勘探开发。

巴西深水盐下领域是当前世界油气勘探的热点地区之一，而巴西桑托斯盆地则是深水盐下领域油气最为富集的盆地。自 2006 年在桑托斯盆地盐下湖相碳酸盐岩领域发现卢拉（Lula）油田以来，又陆续发现了弗兰克（Franco）和利布拉（Libra）等多个世界级大油田，石油可采储量高达 311×10^8 bbl（1 bbl = 0.159 m^3），揭示了这一领域的巨大勘探潜力。对湖相碳酸盐岩储层沉积特征和发育控制因素方面的研究不多，尤其是对湖相碳酸盐岩成因类型、有利储层宏观分布和储层物性特征的影响因素缺乏系统性研究，该领域下一步的勘探布署受到制约。除此之外，巴西桑托斯盆地盐下湖相碳酸盐岩与国内外常见湖相碳酸盐岩存在较大差异，极似热泉的方解石生长形式、巨大的厚度，使其成因成为最具争议性的热点问题。

　　本书的出版得到国家科技重大专项子课题"西非—南美海域重点区湖相生物灰岩储层评价技术研究"（NO.2017ZX05032-001-003）项目资助。本书撰写过程中，得到了中海油研究总院有限责任公司邓运华院士、梁建设、胡孝林、程涛、黄兴文、蔡文杰、赵红岩、刘琼、许晓明、曹向阳、邱春光、李全、刘小龙、逄林安、侯波、张彪等的指导和支持，在此表示衷心感谢。

　　由于作者水平有限，本书难免存在疏漏和不足之处，敬请读者批评指正。

作　者

2021 年 10 月 30 日于成都

目　　录

第1章 盐下湖相碳酸盐岩构造演化及层序地层特征

1.1 构造演化及地层发育特征

1.1.1 区域地层及构造演化特征

巴西东部海上的桑托斯（Santos）、坎普斯（Campos）和圣埃斯皮里图（Espírito Santo）三个盆地，由于地理位置相邻、地质特征相似，合称为大坎普斯（Great Campos）盆地。其主体位于巴西东南海域水深 0～3 km 内，总面积为 58.68×10^4 km^2（图 1.1）。大坎普斯盆地是晚三叠世以来随南大西洋由南向北逐步打开而发育的被动大陆边缘盆地，其南、北两侧以裂谷期形成的高地，如弗洛里亚诺波利斯（Florianopolis）高地和阿布洛霍斯（Abrolhos）高地，与佩洛塔斯（Pelotas）盆地和库穆鲁沙蒂巴（Cumuruxatiba）盆地分开；而内部则被卡布弗里乌（Cabo Frio）高地和维多利亚（Vitória）高地相隔。盆地西部边缘发育一条前阿普特期枢纽线，控制早白垩世裂谷盆地的边界（Cainelli and Mohriak，1998），并构成大坎普斯盆地内二级构造区划的边界。在枢纽线以西，晚白垩世—新生代的碎屑岩超覆在前寒武系基底之上，根据沉积厚度的差异，其二级构造单元在桑托斯、坎普斯和圣埃斯皮里图三个盆地分别称为圣塞巴斯蒂昂高地、坎普斯西部次盆和圣埃斯皮里图台地；在枢纽线以东，发育了包括早白垩世阿普特期盐岩在内的裂谷-被动大陆边缘沉积体系。桑托斯盆地东南端以圣保罗（São Paulo）火山高原和夏尔科（Charcot）海山为界，毗邻桑托斯深海盆地（Mohriak et al.，1995）。

大坎普斯盆地的基底岩系主要包括泛非运动之前的前寒武系结晶基底与古生代陆内克拉通盆地沉积岩（Unrug，1996；Zalán et al.，1990；Asmus and Baisch，1983）。中生代以来受南美洲与非洲逐步裂离的影响，其进入被动大陆边缘盆地发育阶段（Zalán et al.，1991；Szatmari et al.，1985）。依据巴西东部被动大陆边缘盆地的发育层序（Chang et al.，1992；Ponte and Reiss，1977；Campos et al.，1975），大坎普斯盆地的构造演化可划分为裂谷前克拉通内拗陷期、裂谷期、过渡期、漂移期（部分学者将构造演化二分为初始拉开期和大规模裂陷期）4 个阶段，各阶段构造及地层特征描述如下。

（1）裂谷前克拉通内拗陷期。晚三叠世—侏罗纪，受地壳拉伸、伸展减薄的影响，研究区发育一条浅而窄的南北向延伸的拗陷，称为非洲—巴西（Afro-Brazilian）拗陷（Ponte and Reiss，1977），属干旱气候沉积环境下的混合冲积扇体系。例如，分布于非

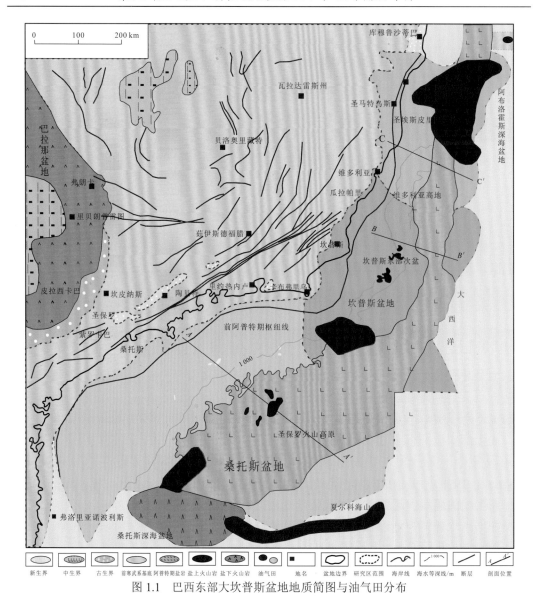

图 1.1 巴西东部大坎普斯盆地地质简图与油气田分布

洲—巴西拗陷北部的雷康卡沃（Reconcavo）盆地，发育了晚侏罗世的红色页岩、蒸发岩及砂岩 [亚利安莎（Alianca）组与塞尔吉（Sergi）组]（Salem et al.，2000；Braga et al.，1994）。桑托斯盆地深水区的地震剖面解释也表明裂谷前沉积层厚度基本稳定，不受裂谷期同生断层的控制，推测与雷康卡沃盆地的红色岩系同期。

（2）裂谷期。早白垩世巴雷姆期—阿普特早期，随着地壳被进一步拉伸、伸展减薄，开始发育裂谷盆地。武静等（2019）推测巴雷姆早期，火山活动频繁，发育多期火山岩及陆相沉积，在远物源区以厚层深湖亚相暗色页岩沉积为主 [皮萨拉斯（Picarras，PICA）组]，随后盆地构造活动剧烈，形成了盆地中的多个隆起，南侧由于火山带形成的高地在横向上起隔挡作用，隔挡了桑托斯盆地与南部的海水。另外，远离陆源供给，形成了适合碳酸盐岩沉积的环境，在盆地局部高地形成了伊塔佩马（Itapema，ITP）组的厚层生物碎屑灰岩。在拗陷期盆地破裂不整合之后，地壳下沉，形成了巴拉韦利亚（Barra Velha，BV）组微生物灰岩。裂谷期沉积层序从下至上划分为三期（程涛 等，2019）：强烈断陷期、断拗转换期与拗陷期。其中强烈断陷期以发育岩浆岩与湖相泥页岩为主；断拗转换期发育 ITP 组湖相生屑滩介壳灰岩与湖相泥页岩，岩浆岩地层也较为发育；拗陷期主要发育 BV 组湖相叠层石微生物灰岩或湖相泥页岩，局部发育岩浆岩地层。需要强调的是，关于裂谷阶段构造演化和沉积充填阶段划分，除上述方案外，不同学者还提出了其他方案，其中一种较有代表性的方案是将裂谷层序分为下裂谷层序、中裂谷层序与上裂谷层序（Williams and Hubbard，1984）。下裂谷层序的岩性是以受同生断层控制明显的岩浆岩和陆源碎屑岩为主，中裂谷层序的岩性以深湖亚相泥灰岩、页岩和泥质泥屑灰岩为主，上裂谷层序的岩性为湖相页岩、泥灰岩、介壳灰岩等，而将 BV 组微生物灰岩与上覆阿利利（Ariri）组蒸发岩一并划分到过渡层序。

（3）过渡期。在经历了阿普特早期的地壳整体抬升、盆地破裂不整合后，阿普特中—晚期基底下沉，盆地发生海侵并受南部沃尔维斯（Walvis）脊的遮挡，处于局限海环境，在南大西洋开启前的非洲和南美洲之间发育了一个巨型的张性蒸发岩盆地（Torsvik et al.，2009；Guardado et al.，1990；Mohriak et al.，1990），主要沉积了一套厚层的蒸发盐岩地层，即 Ariri 组，局部可见硬石膏或岩浆岩。

（4）漂移期。阿尔布期—圣通期的初始拉开阶段与威尔逊旋回中的浅水台地型边缘海阶段对应。阿尔布早期，随着伸展、下沉作用的增强，海平面上升，盐盆消亡，发育了阿尔布期浅海台地相碳酸盐岩与半深海相泥屑灰岩。晚白垩世坎潘期—上新世，地壳大规模移离，并发生强烈向东倾斜、下沉，导致整个盆地形成向东倾斜的区域斜坡，岸外地区更加明显地下沉，形成开阔边缘海沉积。由下至上发育了坎潘期—马斯特里赫特期斜坡相碎屑浊积岩与古近纪以来的滨岸碎屑岩、浅海碳酸盐岩和深海页岩等台地-大陆坡深水沉积体系。

关于大坎普斯盆地的构造演化阶段也常简化划分为三个阶段，分别为早白垩世裂谷阶段、阿普特期过渡阶段和晚白垩世—新生代漂移阶段（被动陆缘演化阶段）（康洪全 等，2018a；徐思维，2016），这一方案的推广应用也较普遍。

1.1.2　重点区地层及构造演化特征

本书选定的作为重点研究区的桑托斯盆地形成在前寒武系结晶基底之上，位于巴西东南部海上大坎普斯盆地的最南端，面积约为 $33 \times 10^4 \ km^2$，水体最深处大于 4 km（武静 等，2019；王颖 等，2016）。桑托斯盆地属于典型的大西洋型被动大陆边缘盆地，形成于冈瓦纳大陆解体和自南向北的南大西洋两岸张开时期（程涛 等，2018；陶崇智 等，2013）。整个盆地走向北东-南西，西北-东南呈现出"三拗隆"的构造格局（图 1.2），分别为西部拗陷带、西部隆起带、中央拗陷带、东部隆起带和东部拗陷带（De Paula Faria et al.，2017；陈凯 等，2016；康洪全 等，2016）。中央拗陷带及东部隆起带均具有南宽北窄的特征，构造轴向呈北东向，中央拗陷带在桑托斯盆地宽度约为 500 km，往北在坎普斯盆地宽度为 100～300 km；东部隆起带在桑托斯盆地宽度为 400～600 km，往北在坎普斯盆地宽度为 200～300 km。

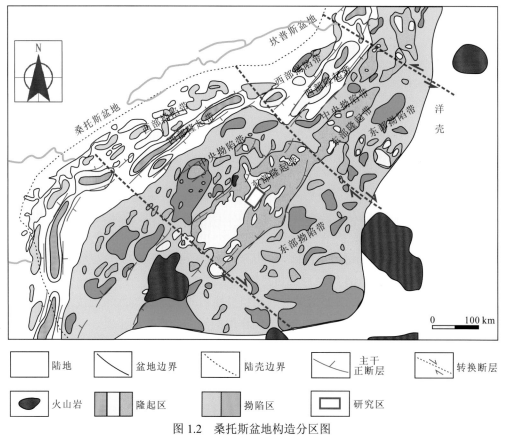

图 1.2   桑托斯盆地构造分区图

1. 地层特征

由于早期强烈的岩浆活动，桑托斯盆地整个巴雷姆阶的裂谷期只钻遇岩浆岩，裂谷期最老的沉积地层为巴雷姆早期的盖诺提巴（Guaratiba）群，沉积地层时间跨度少于 17 Ma。桑托斯盆地的地层主要为白垩系和新生界，其地层柱状图如图 1.3 所示。

1）白垩系

坎博里乌（Camboriu）组：为陆相喷发玄武岩，直接沉积于结晶基底之上，与上覆地层 PICA 组呈不整合接触。

Camboriu 组之上为冲积、河流相砾岩和砂岩夹潟湖相生物灰岩，最大厚度为 1 500 m，向盆地方向埋深逐渐变大。由下至上发育 PICA 组、ITP 组、BV 组三套地层，其中 PICA 组和 ITP 组中深湖亚相泥页岩是盆地重要的烃源岩（Pereira and Feijó, 1994），砂岩作为潜在的储层，埋深较大。本书重点研究对象 ITP 组介壳灰岩、BV 组叠层石微生物灰岩为主要储层，与上覆 Ariri 组呈不整合接触，与下伏 Camboriu 组呈不整合接触。

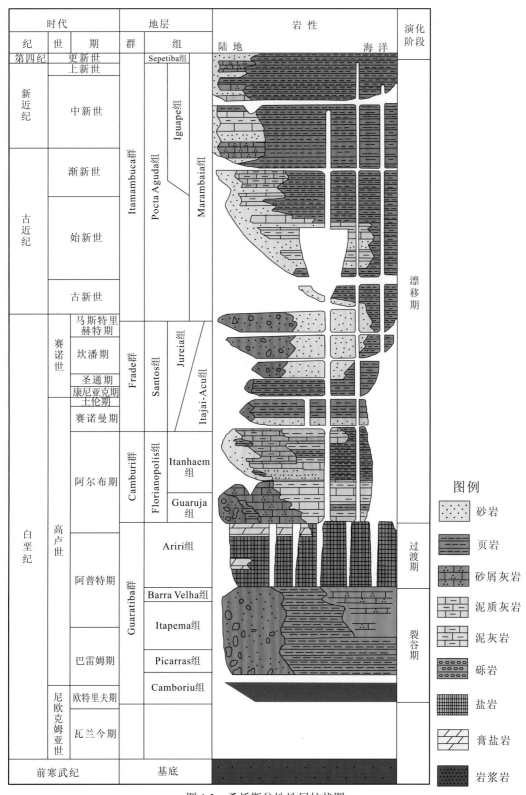

图 1.3　桑托斯盆地地层柱状图

Ariri 组：主要为盐岩和膏盐等蒸发岩，属于海陆过渡带潮上沉积环境。该组盐岩可以作为同裂谷期形成的储层的区域盖层，最大厚度为 2 500 m。与上覆 Florianopolis 组和瓜鲁亚（Guaruja）组呈不整合接触。沉积主要局限于沃尔维斯—格兰德（Walvis Rio Grande）海岭以北的盆地西北部。

Florianopolis 组（阿尔布期）：在盆地内缘发育，与下伏 Ariri 组和上覆 Santos 组呈不整合接触。向海渐变为 Guaruja 组碳酸盐岩、伊塔尼亚恩（Itanhaem）组陆棚和深海斜坡相沉积物，属于冲积环境沉积。最大厚度为 4 000 m。

Guaruja 组：为碳酸盐岩台地相鲕粒砂屑灰岩、生物碎屑灰岩、泥质灰岩和页岩，向海渐变为深水泥岩和页岩，在台地内部低能凹地沉积细粒潟湖相碳酸盐岩，最大厚度为 2 500 m。该组是盆地重要的储集层，砂屑灰岩、泥质灰岩和页岩形成组内盖层。砂屑灰岩平均厚度为 30 m，孔隙度 φ 为 8%~25%，渗透率 k 为 1~1 300 mD。下 Guaruja 段底部由白云岩渐变为砂岩，沉积相为潟湖相、浅海相，化石主要有有孔虫、介形类、微型软体动物、海胆和海藻等。与上覆 Itanhaem 组呈整合-不整合接触，与下伏 Ariri 组呈不整合接触。

Itanhaem 组：为页岩、粉砂岩、泥灰岩、砂屑灰岩和砂岩，沉积环境由浅海过渡到半深海。侧向渐变为 Florianopolis 组冲积相碎屑岩，最大厚度为 1 500 m。该组页岩和泥灰岩是 Guajira 组碳酸盐岩储层的半区域盖层。与上覆伊塔加—亚苏河（Itajai-Acu）组呈整合接触，与下伏 Guaruaja 组呈整合-不整合接触。

Santos 组：为冲积扇、辫状河三角洲相砾岩和岩屑砂岩，夹页岩和粉砂岩，侧向渐变为朱瑞亚（Jureia）组台地相碎屑岩，最大厚度为 2 700 m。与上覆马兰巴尼亚（Marambaia）组和伊瓜佩（Iguape）组呈不整合接触，与下伏 Florianoplis 组呈假整合接触。

Itajai-Acu 组：为深海陆棚相厚层页岩、泥岩和粉砂岩夹少量砂岩，最大厚度为 2 000 m，向陆渐变为 Jureia 组台地相碎屑岩。该组页岩是盆地的烃源岩，同时也是组内盖层，其中伊利亚贝拉（Ilhabela）段夹层状浊积砂岩，具细-粗粒结构、中等-差的分选性、成熟组分，一般粒级向上变细（Sombra et al.，1990），具有不完整的鲍马序列 T_{b-c} 段和 T_{b-e} 段，该段是桑托斯盆地的重要储层。与上覆 Marambaia 组呈整合接触，与 Itajai-Acu 组呈不整合接触，与下伏 Itanhaem 组呈不整合接触。

Jureia 组：为砂岩和页岩，属于海陆过渡和浅海沉积环境，最大厚度为 2 000 m。该组砂岩为盆地储层，而页岩可以作为其盖层。与上覆 Marambaia 组呈不整合接触。

2）新生界

Marambaia 组：为厚层页岩、泥岩夹砂岩，属于深海斜坡和深海陆棚沉积环境。侧向渐变为 Iguape 组碳酸盐岩台地相沉积物，最大厚度为 2 700 m。与下伏 Itajai-Acu 组呈整合接触。该组的页岩同为烃源岩和组内盖层，砂岩为储层。

Iguape 组（夏特阶—皮亚琴察阶）：为碳酸盐岩台地相生物碎屑砂屑灰岩和泥质灰岩，夹页岩、粉砂岩、泥灰岩和砾岩，向海逐渐变为深水 Marambaia 组沉积物。与下伏 Santos 组和 Jureia 组呈不整合接触，与上覆塞佩蒂巴（Sepetiba）组呈整合接触。

2. 构造演化特征

漫长的地质历史时期，全球板块不断发生离合运动。进入中生代，冈瓦纳大陆开始裂解，随着南美洲和非洲古陆自南到北剪刀式分离，桑托斯盆地在早白垩世开始发育并进入陆内裂谷阶段。裂谷期为早白垩世巴雷姆期至阿普特早期，该时期盆地构造活动强烈，断裂发育普遍，形成了多个北东走向的大型隆起带和拗陷带，其中南侧由于火山带的作用形成了沃尔维斯火山脊，使盆地与南大西洋分割，阻挡了南部海水侵入盆地（侯波 等，2019；康洪全 等，2016；Fetter and Moraes，2015）。在地幔底辟作用下，盆地构造活动强烈，断裂普遍发育，表现出垒（半地垒）、堑（半地堑）间互的断陷结构。该时期湖广水深，主要沉积了一套厚层的河湖相地层，其中，在远物源的地堑区发育的 PICA 组和 ITP 组中深湖亚相泥页岩是盆地的主力烃源岩，盆地内部发育湖相沉积（Farias et al.，2021；徐思维，2016；王朝锋 等，2016；熊利平 等，2013）。下白垩统巴雷姆阶 ITP 组主要发育介壳滩介壳灰岩，夹泥灰岩、泥岩、页岩等，在桑托斯盆地中沉积厚度不均（200～600 m）；下白垩统阿普特阶 BV 组发育湖相微生物灰岩，以叠层石微生物灰岩、球状微生物灰岩等为主，在桑托斯盆地中沉积厚度不均（100～500 m）。

早白垩世阿普特中晚期，裂谷作用减弱，桑托斯盆地进入稳定构造环境的过渡阶段，构造相对平静，仅发育局部断层。在热沉降作用下，表现出"碟状"的拗陷结构，狭窄的海道限制了海水的流入，由此形成海陆过渡相局限海环境，主要沉积了一套厚层的蒸发岩，厚度多数大于 1 500 m（康洪全 等，2018a，2018b；邬长武，2015；熊利平 等，2013）。该套蒸发岩分布非常广泛，岩性较纯，以石盐为主，夹少量硬石膏、光卤石及镁钙盐等，是一套优质区域性盖层；后期在沉积差异负载、重力滑动和基底构造作用等动力驱动下发生塑性流动变形，形成各种底辟构造（康洪全 等，2016）。该套蒸发岩层的发育对桑托斯盆地乃至整个大坎普斯盆地的油气成藏起到了至关重要的作用。

晚白垩世，随着大西洋洋中脊的形成和洋壳的扩张，非洲板块向北漂移，南美洲板块向西南漂移，桑托斯盆地进入漂移期，演变为被动大陆边缘盆地（王颖 等，2016）。在地幔热冷却作用下桑托斯盆地稳定拗陷沉降，沉积充填了一套巨厚海相地层。漂移早期，发育阿尔布阶浅海碳酸盐岩台地沉积，形成了盆地的一套海相灰岩储层；塞诺曼期—土伦期，随着全球性海平面上升，主要沉积了一套海相泥页岩，构成了盆地盐上的主要烃源岩；漂移晚期（土伦期—新生代）发育了海相碎屑岩沉积（李明刚，2017；熊利平 等，2013），局部夹有多套浊积砂岩，浊积砂岩物性好，是盆地另一套主要储层。

桑托斯盆地是一个岩浆岩活动强烈的深水盆地，前人利用重磁资料和区域二维地震资料对桑托斯盆地的岩浆岩做了大量的研究，认为该盆地主要经历了 4 期火山活动（Mohriak，2001）：①瓦兰今期—欧特里夫期；②阿普特期；③圣通期—坎潘期；④始新世。其中，始新世岩浆岩分布较广，主要为侵入相，其他三期主要为喷发相的玄武岩，阿普特期早晚各有一期岩浆岩活动（Szatmari and Mohriak，1995）。依据断裂活动性、地震反射特征及同位素定年分析，还可将桑托斯盆地岩浆岩活动划分为断陷期火山活跃阶段、拗陷期火山活跃阶段和漂移期火山活跃阶段三个活动阶段（康洪全 等，2016）。

桑托斯盆地主要研究区为 C、A、B 三个区块，三个区块位于东部隆起带核心区，从三个区块连井地震剖面（图 1.4）上看，三个区块发育三个凸起。其中，C 区块东部图皮（TUPI）高地构造位置最高，埋深 4 600～5 000 m。三个区块之间存在两个洼陷，从洼陷发育规模上看，TUPI 高地与 A 区块之间的洼陷规模相对较大，洼陷中央盐下裂谷期沉积厚度在 2 km 左右，宽度为 15～20 km。从三个区块 BV 组及 ITP 组顶埋深图看（图 1.5、图 1.6），BV 组埋深为 4 600～6 300 m，ITP 组埋深为 4 500～6 800 m。研究区盐下发育 A、B、C 三个构造圈闭带，其中 C 区块圈闭规模最大，构造海拔较高。

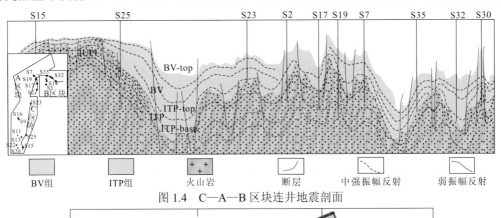

图 1.4　C—A—B 区块连井地震剖面

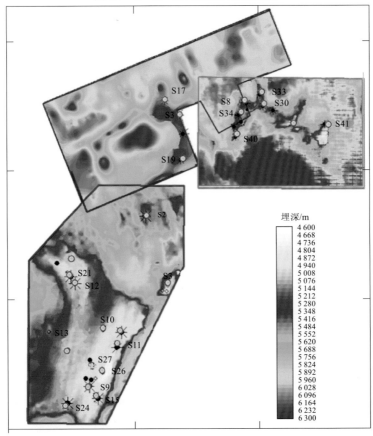

图 1.5　BV 组顶埋深图

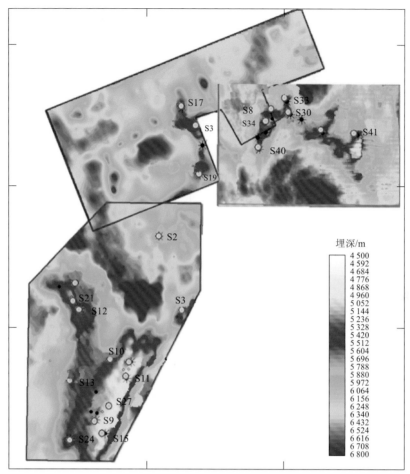

图 1.6　ITP 组顶埋深图

　　桑托斯盆地盐下裂谷期主要发育典型的张性构造，变形特征表现地垒-地堑、半地垒-半地堑、断阶等多种组合，断层作用强大，这些多样张性构造多受高角度正断层控制，在 B 区块还有岩浆岩成因的古构造高地。地垒、仅一侧发育断层的半地垒或掀斜断块等古构造高地及周边斜坡区往往是礁滩相带发育的有利区域，地堑及洼陷是裂谷期烃源岩发育的有利构造部位。

　　从断层发育特征上看，由裂谷早期到晚期，断层发育程度明显减弱，以发育于 ITP 组沉积之前裂谷早期断层为主，同时，在洼陷两翼、高地周缘或凸起上，发育多条继承性活动断层，在各层系断层下盘厚度大于断层上盘，当然，也有在湖相灰岩沉积期断层不活动，沉积后再次活动的间歇性活动断层。断层走向主要与隆起带方向一致，主要呈北东向展布。在与构造带走向垂直或大角度斜交的北西方向，还发育多条调节断层（汪新伟 等，2015），主要发育在桑托斯盆地北东及南西边界，为控盆断层。

1.2　层序地层学特征

1.2.1　井震层序界面及测井旋回识别方法

1. 钻井层序界面识别标志

由于深井相对较少，盐下钻遇地层有限，基本只钻遇 ITP 组，仅有少数井钻遇 PICA 组。利用收集到的盐下井资料，通过岩性特征、测井曲线旋回性，同时与全球海平面变化关系对比，在钻井上进行层序界面的识别与划分。

C 区块大多井位于相对拗陷带上，此处发育了巴雷姆阶 ITP 组湖相沉积，使得此处钻井有较全显示。A 区块及 B 区块多数井位于外部隆起带附近，此处远离物源区，易缺失 ITP 组沉积，阿普特阶 BV 组的叠层石微生物灰岩大量发育。

1）三级层序界面识别

SQ2 与 SQ1 层序分界面为电阻率曲线突变界面，越过此界面后电阻率突然升高，同时也是岩性突变界面，由灰质泥岩或泥质灰岩变为碳酸盐岩。岩性的变化可以与电阻率测井曲线变化对应，因为碳酸盐岩电阻率较高，而灰质泥岩电阻率较低（图 1.7）。自然伽马（GR）曲线特征在此界面两侧变化并不明显，变化幅度较小，但通常此界面处有一个小范围的自然伽马值的升高。由此也可识别导致自然伽马值异常的界面，即 SQ2 与 SQ1 层序间的不整合（风化）界面和最大湖泛面等（图 1.8）。

SQ1 时期岩性主要为代表深水环境的泥岩、页岩和浅滩环境的介壳灰岩，因而自然伽马值较高，中部之后一般出现碳酸盐岩沉积，自然伽马值降低。SQ1 由一个上升半旋回和下降半旋回组成，两者规模一致，厚度近似相等。

SQ2 时期岩性主要为微生物礁灰岩，主体为底部的上升半旋回加一个下降半旋回。底部通过电阻率突变、岩性突变界面与 SQ1 相分隔。因为自然伽马曲线变化不明显，所以通过电阻率曲线划分旋回界面。在 SSQ4 中有个电阻率分隔界面，界面之下电阻率降低，为一个正旋回，代表水深增加；界面之上电阻率上升，为一个反旋回，代表水面降低，正旋回厚度较薄。

2）四级层序界面识别

本小节将 SQ1 层序分为 SSQ1、SSQ2、SSQ3 三个四级层序，其中 SSQ1 完全处于 SQ1 层序的上升旋回阶段，以发育深水泥岩、页岩为主；SSQ2 底部处于 SQ1 层序上升半旋回阶段，顶部处于 SQ1 层序下降半旋回阶段，多发育灰质泥岩等；SSQ3 完全处于 SQ1 层序的下降旋回阶段，多发育浅滩相介壳灰岩。将 SQ2 层序分为 SSQ4、SSQ5、SSQ6、SSQ7 4 个四级层序，但在隆起区易缺失 SSQ4、SSQ5，叠层石微生物灰岩及球状微生物灰岩十分发育，其中仅 SSQ4 的底部处于 SQ2 层序的上升半旋回阶段，SSQ4 顶部及

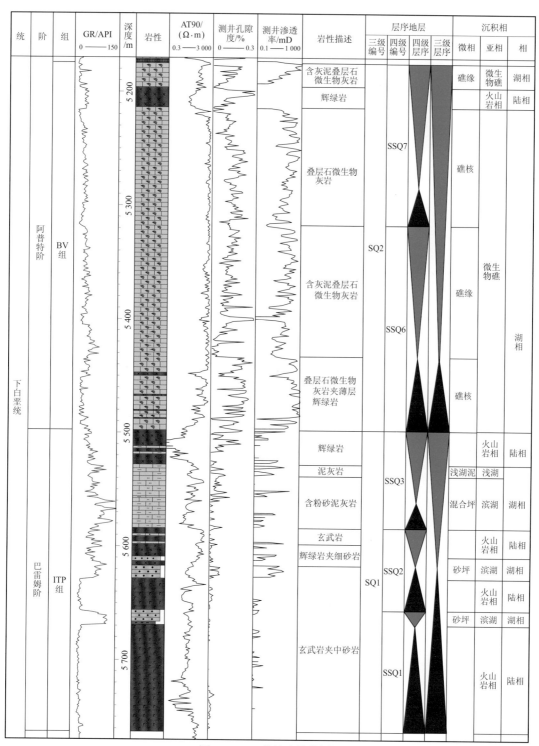

图 1.7　S33 井综合柱状图

AT90 为阵列感应电阻率

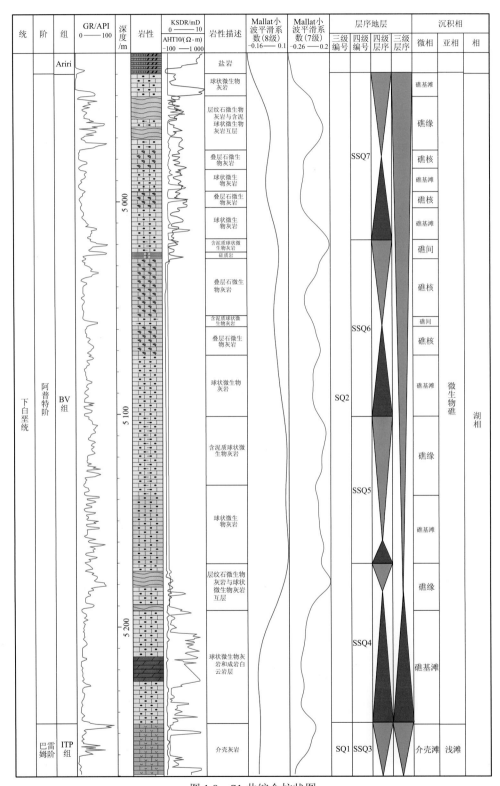

图 1.8 S1 井综合柱状图

KSDR 为核磁渗透率；AHT10 为阵列感应电阻率

SSQ5、SSQ6、SSQ7 皆处于 SQ2 层序的下降半旋回阶段。四级层序界面的识别主要通过岩性和岩相具有明显突变的界面及自然伽马对泥质含量在碳酸盐岩地层中的敏感性导致自然伽马值异常的界面,如湖泛面等。

2. 地震层序界面识别标志

桑托斯盆地湖相碳酸盐岩地震层序界面识别标志清晰,界面反射特征及层序内反射结构差异明显。

针对三级层序,总结出三类地震层序界面识别标志。

1) 典型地层超覆关系

如图 1.9 所示,在 C 区块由西向东的地震剖面上 BV 组顶界存在明显的顶超特征,底界存在明显的底超特征。ITP 组由西向东上超特征清晰。

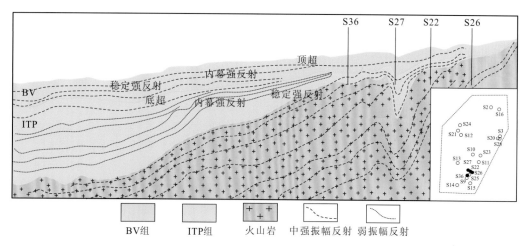

图 1.9   C 区块湖相碳酸盐岩三级层序及界面地震剖面特征

2) 界面稳定强反射

在桑托斯盆地,ITP 组底界、BV 组顶界地震反射多表现为强反射特征,全区可稳定追踪。ITP 组顶界在斜坡及洼陷区表现为稳定强反射特征,在斜坡高部位及凸起区,受微生物礁发育及 ITP 组滩相发育影响反射强度有强弱转换(图 1.9、图 1.10)。

3) 界面上下地层内幕反射特征

内幕反射特征主要有两个:一是强弱变化,在 ITP 组顶界以上,可见相对连续的强反射特征,界面以下,为弱反射背景(图 1.9);二是反射结构,在斜坡或坡折部位,可见典型的前积体(图 1.9、图 1.10)。

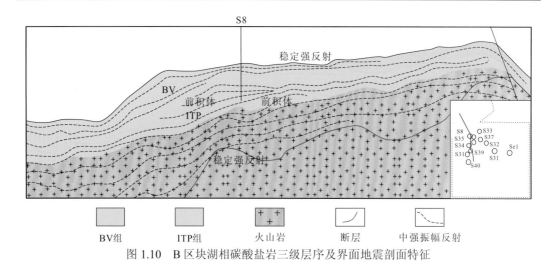

图 1.10　B 区块湖相碳酸盐岩三级层序及界面地震剖面特征

3. 测井旋回识别方法

1）旋回地层研究进展

在碳酸盐岩沉积层序的研究中，根据岩相类型和水深标志识别沉积旋回，通过旋回计数和厚度测量，研究这些高频米级旋回的叠置形式和空间结构，进而标定三级沉积层序的界面，是目前在海相碳酸盐岩沉积区普遍采用的一个方法（梅冥相 等，2001；马永生，1994）。早期，Fischer（1964）和 Goldhammer 等（1987）对欧洲阿尔卑斯地区三叠系洛弗（Lofer）旋回和雷特玛（Latemar）旋回的研究就是碳酸盐岩沉积层序列研究的经典实例。而后，Read 和 Goldhammer（1988）、Osleger 和 Read（1991）根据潮坪相碳酸盐岩旋回的个数和厚度变化，建立了北美阿巴拉契亚地区寒武纪、奥陶纪海平面变化曲线。在我国华北、塔里木和鄂尔多斯等地区，一些学者对潮坪相鲕粒滩和以白云岩为主的米级旋回层序垂向叠加样式及旋回组合的谱系和配置关系进行了深入的研究，证实这些沉积旋回受地球轨道参数周期性变化的控制，旋回组合谱系对应于米兰科维奇天文周期驱动的高频海平面变化。根据米级旋回层序在垂向上的有序叠加样式，即地层剖面中旋回厚度增加或减小所呈现的加积、退积和进积型的变化趋势，可以进一步识别和划分三级层序和体系域。

2）测井旋回及湖平面变化识别

地球物理测井曲线具有等间距采样的特点，而且数据序列连续、纵向分辨率高，可以作为检测米级高频旋回、划分三级层序的主要资料（郑兴平 等，2004；陈茂山，1999）。特别是自然伽马曲线能灵敏地反映碳酸盐岩地层中泥质含量变化，可以作为识别高频沉积旋回的有效手段。自然伽马测井是在井内测量岩层中放射性元素（主要为 ^{40}K、^{232}Th、^{238}U）原子核衰变过程中放射出伽马射线的强度。黏土颗粒细，比表面积大，吸附放射性元素的能力强，砂层或石灰岩则相对较弱。与其他测井曲线相比，自然伽马曲线能敏感地反映地层泥质含量的变化，地层泥质含量变化与层序界面识别密切相关。

　　伊海生（2011）在数值模拟的基础上，提出了在稳定生长的碳酸盐岩台地碳酸盐岩沉积区测井曲线旋回分析的层序地层划分方法：一阶差分技术，并将该方法引入项目研究，得到较理想的效果。该方法主要依据测井曲线资料，首先识别出碳酸盐岩层段沉积旋回的个数和厚度，再进一步利用高频沉积旋回数作为横坐标，以高频沉积旋回的累积厚度偏差值作为纵坐标，通过编绘高频沉积旋回累积厚度偏差随深度的变化曲线，判别不同级别的旋回层序，标定三级层序界面和层序划分（图 1.11）。

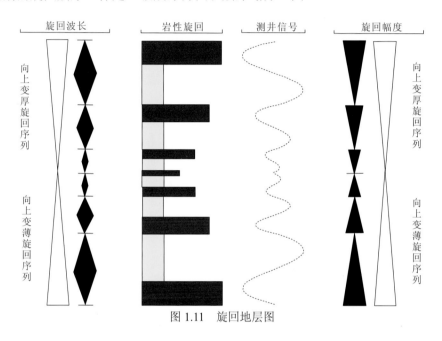

图 1.11　旋回地层图

　　选择地层剖面连续、无明显沉积间断或者构造缺失的代表性钻井，分区开展以下工作。

　　（1）首先采用线性内插法对原始数据进行校正，求取等间距数据序列。

　　（2）为了消除系统误差和测井曲线的长趋势偏移，采用最小二乘法对原始曲线进行拟合，取其与原数据序列之差作为新数据序列。

　　（3）采用移动平均法过滤背景噪声，突出沉积旋回的周期波动。移动平均的周期视沉积旋回的大小而定，实际计算过程中采用 5 点移动平均值消除高频噪声。

　　（4）由于预处理过程中采用参数的差异，可能造成计算结果的误差，所以必须使数据中心化或归一化。实际计算过程采用一阶差分法处理，保证最终计算结果具有一致性。

　　（5）最后采用逻辑判别函数，提取归一化自然伽马数据序列正负偏差数据，计算出沉积旋回厚度。

　　以研究区 S10 井 BV 组（5 490～5 050 m）为例，经过以上处理，共识别出 76 个高频沉积旋回，旋回最大厚度为 19.67 m、最小厚度为 1.37 m、平均厚度为 5.97 m。这些高频沉积旋回本质上是根据自然伽马值随深度的变化计算出来的，它类似于前人根据露头剖面划分的"米级旋回"。以识别的高频沉积旋回数作为横坐标，将高频沉积旋回的累积厚度偏差值作为纵坐标，进行作图。最终得到 S10 井 BV 组深度域的 Fisher 图解，它的实质是各个高频沉积旋回厚度与井段中平均高频沉积旋回厚度之差的累积变化曲线，反映了 S10 井 BV 组沉积过程中可容纳空间的变化，可以作为重建古湖平面变化的趋势。从图 1.12 可知，S10 井 BV 组沉积时期，桑托斯盆地整体出现了一次明显的湖侵—湖退变化旋回，可进一步细分为 4 次高频的湖侵—湖退波动。

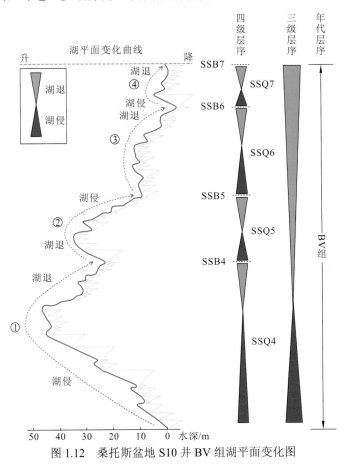

图 1.12　桑托斯盆地 S10 井 BV 组湖平面变化图

3）滑移窗频谱分析层序识别和划分方法

针对湖侵和湖退变化旋回的层序级别划分，本小节同步开展了自然伽马曲线的频谱分析处理。频谱分析是地层序列中识别周期信号最常用的方法，它是通过傅里叶变换，将时间域或深度域的信号变换到频率域，求解周期信号的一种方法，一般采用频率分量对应的强度或功率大小来表达。通过沉积旋回波长与米兰科维奇天文周期之间的对比，可以为了解地层旋回产生的驱动机制、建立高分辨率的年代地层格架提供一个途径（Weedon，2003；Schwarzacher，1993）。

在旋回地层研究中应用频谱分析技术鉴别米兰科维奇旋回，必须具备两个前提条件。其一，按一定的地层间隔系统测量能反映地层节律变化的参数，建立深度点对应数字指标的数据系列。例如，在深海钻探研究中一般采用有孔虫 $\delta^{18}O$ 和 $\delta^{13}C$ 作为气候变化的数字指标，在陆地地层剖面中可以通过测量磁化率、自然伽马、碳酸盐含量、颜色色度作为沉积旋回的定量参数（陈建业 等，2007）。其二，根据生物地层、磁性地层控制节点，通过节点之间地层间隔的时间长度计算沉积速率，将深度域数据系列转换为时间域数据系列，通过频谱分析技术检测沉积旋回的时间周期（Gorgas and Wilkens，2002）。目前存在的问题是，在地层记录中要识别千年级米兰科维奇旋回的高频信号，必须要有高精度年代地层控制的剖面和钻井，分段计算沉积速率，才能进行深度域与时间域之间的转换，然而一般的地层剖面很难达到这一要求，这是旋回地层研究受到制约的一个重要原因。

在地层沉积历史演化的进程中，时间域旋回周期的变化规律，一般受天文旋回的控制，例如，潮汐旋回存在全日潮、半日潮、混合潮、双周潮和月潮节律，米兰科维奇天文旋回包括偏心率、轴斜率和岁差周期。深度域旋回周期或波长的变化，主要受沉积速率大小的制约。当沉积速率增大时，单位时间内沉积物堆积高度增加，相应的沉积旋回厚度和旋回周期增大，旋回频率减小；反之，当沉积速率减小时，地层沉积厚度减薄，旋回波长减小，出现高频旋回。因此，在深度域频谱分析中检测的旋回频率变化，可以作为沉积速率相对大小变化的指标。

研究表明，以时间单位标定的测井数据系列，自然伽马强度的变化可以记录米兰科维奇旋回周期（Sierro et al.，2000；Ten Veen and Postma，1996）。但以深度刻度的测井数据系列中检测的频谱峰，反映的是岩性或物性旋回的波长大小在深度坐标系的变化。以自然伽马曲线为例，一般自然伽马高值对应泥岩，低值对应砂岩或石灰岩。通过提取测井曲线高点建立的极值数据系列，检测出频谱峰反映的是在深度坐标系泥岩-砂岩、泥岩-石灰岩旋回长度或波长的变化周期，频谱峰大小取决于沉积速率的大小及变化形式（伊海生，2011）。

沉积速率是影响沉积旋回长度的一个关键参数。地层剖面中沉积速率一般是变化的，这时采用全井段数据序列的频谱分析，频谱峰之间必然出现相互叠加和干扰，将导致判读地层旋回的周期关系极为困难。为了解决这一问题，可以引进滑移窗频谱分析技术，有助于直观地判断沉积速率变化的界面，进而按井深分段解析旋回层序变化周期。

滑移窗频谱分析技术具体研究方法：①采集测井曲线的高值点建立一个极值点数据序列；②采用线性内插法将测井极值曲线换算为等间距测点数据序列；③采用三点滑动平均值法过滤高频背景噪声，同时采用一阶导数法消除低频波干扰；④采用 Analyseries 软件的 Blackman-Tukey 滑移窗频谱分析程序，调用 Parzen 窗口，窗口数量为 150；⑤按文本格式导出数据，绘制二维频谱分析图（图 1.13）。

观察图 1.13 可以发现，S10 井 BV 组频谱峰转换和终止界面分别出现在深度 5 285 m、5 203 m、5 102 m 处，它是沉积速率转换界面出现的标志，反映出旋回层序界面的位置，是层序划分界限判别的重要指标。由此桑托斯盆地 S10 井 BV 组可划分为 4 个层段，每一个层段的频谱峰的波长、强度及个数有所不同，与 Fisher 图解法得出的目标层位湖平面变化曲线具有良好的匹配关系，进一步说明测井高频旋回层序识别的可靠性。

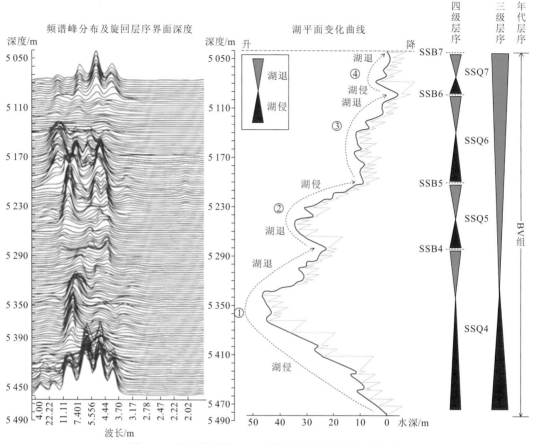

图 1.13　桑托斯盆地 S10 井频谱分析及湖平面变化图

4）小波层序识别和划分方法

　　测井响应是不同周期地层旋回信息叠加的结果，小波多尺度分析把这种叠合信息分解成不同尺度和频带的信号。不同频带信号代表着不同周期的地层旋回，其中低频信号表征周期较长的地层旋回，高频信号可用来识别地层异常信息，旋回中的层序界面和沉积作用转换面可用频带信号中的突变点（即曲线拐点）来界定。小波变换可以一次识别不同级别的沉积旋回，能降低层序划分中的人为主观性。小波变换尺度值越大表明对应信号的长周期分量，该沉积周期越长，地层旋回厚度大，可用来划分层序界面；反之小波变换尺度值越小表明对应信号的短周期分量，该沉积周期越短，地层旋回厚度小，可用来划分体系域和基准面旋回。根据连续小波变换系数曲线中同一尺度旋回内小波分解的低频系数振荡趋势相似的原则，按照从大到小的尺度顺序，依次从分解的低频系数曲线中识别出层序界面和层序内部划分出的基准面旋回界面；再依据钻孔的岩心资料对划分出的界面位置加以适当校正，达到准确划分不同级别层序界面的目的。

　　针对研究区 S9 井，选择 Mallat 小波对 S9 井的自然伽马数据做小波多尺度分析，抽取多尺度分解中的低频系数后，按照深度绘制不同尺度下的低频系数曲线图。从这些低频系数曲线图中不难发现，随着尺度的增加，低频系数曲线逐渐趋于平直。结合自然伽马曲线幅值高低与地层泥质含量多少及海平面高低的相关关系，低频系数曲线拐点即为海平面变化分界点。

　　结合 S9 井的岩心与其他曲线的数值特征，自然伽马曲线小波多尺度分析的低频系数在 4 尺度与 5 尺度下的形态与待划分的三、四级层序相当。参考更为平缓的 5 尺度低频系数曲线图，曲线由下至上从逐渐减小变为连续性增加。在 5 112.6 m 处自然伽马值达到相应的最低值，说明该点处的泥质含量最低，水体深度最浅，是相对长周期三级层序的界限。同理，在 5 209.5 m、5 100.7 m 处为低频系数曲线由下至上逐渐变大再变小的最大值点，该点处的高自然伽马值，说明该处的泥质含量很高，水体深度最深，因而可以对应层序地层的另一旋回转换界面（图 1.14）。

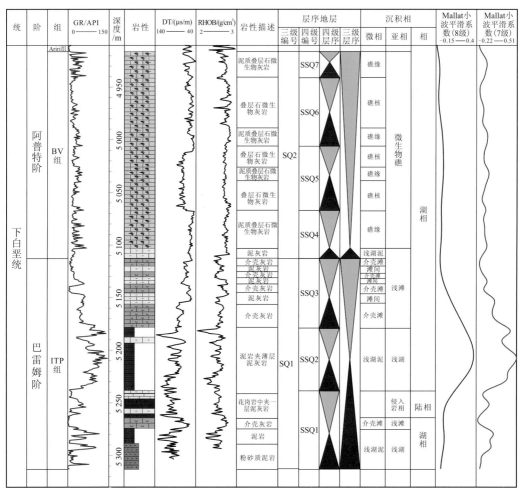

图 1.14　桑托斯盆地 S9 井沉积相与层序地层综合柱状图

DT 为声波时差；RHOB 为岩性密度

1.2.2 层序划分方案

采用钻井及地震层序界面识别、不同级次地层旋回识别、滑移窗频谱分析及小波多尺度分析方法，应用研究区钻井、地震及测井资料，开展了多井层序识别与对比，并进行多方法层序综合识别和相互验证，建立桑托斯盆地层序地层格架。

首先根据 Fischer 图解法得出相对湖平面变化特征，并根据测井不同级别旋回层序识别和划分结果，结合钻井岩性界面识别，确定初步的层序界面位置及三、四级层序划分方案，在此基础上，开展井震层序界面精细标定、多区块多井连井地震剖面层序界面所对应层位对比追踪，结合地震层序界面识别标志，优化调整层序界面位置，对 40 余口钻井进行高精度层序地层划分，最终将桑托斯盆地 ITP 组划分成 1 个三级层序（SQ1），3 个四级层序（SSQ1～SSQ3）；BV 组划分成 1 个三级层序（SQ2），4 个四级层序（SSQ4～SSQ7）（图 1.15）。

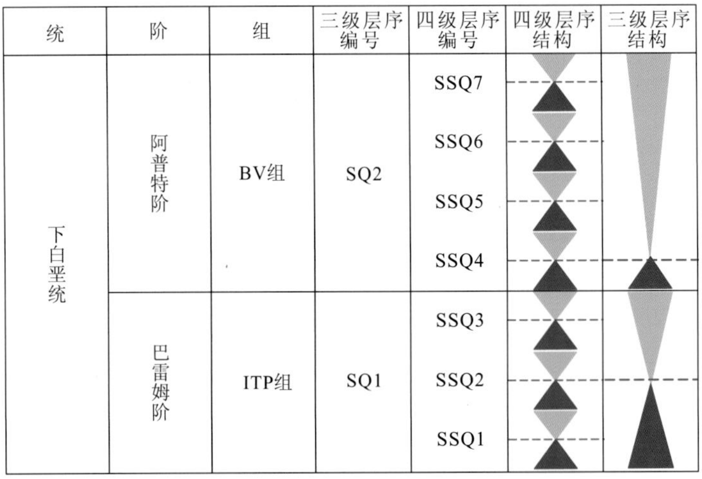

统	阶	组	三级层序编号	四级层序编号	四级层序结构	三级层序结构
下白垩统	阿普特阶	BV组	SQ2	SSQ7		
				SSQ6		
				SSQ5		
				SSQ4		
	巴雷姆阶	ITP组	SQ1	SSQ3		
				SSQ2		
				SSQ1		

图 1.15 桑托斯盆地 BV 组和 ITP 组层序划分方案

1.2.3 层序地层格架

通过钻井层序界面识别及精细划分，确立了桑托斯盆地 A、B、C 三个区块连井高频层序地层格架，从层序格架总体特征上看，有如下几个特点。

（1）ITP 组厚度横向变化大、具有典型的裂谷中期填平补齐特点，在 C 区块 TUPI 高地缺失整个 ITP 组，向斜坡及洼陷区厚度逐渐增加到 700～800 m。

（2）BV 组在三个区块分布普遍，依然具有高地或凸起区薄、斜坡洼陷区厚的特点，由高地向斜坡及洼陷区厚度逐渐增加，但厚度变化幅度远低于 ITP 组。

（3）BV 组与 ITP 组在各区块厚度变化具有继承性，均表现为斜坡、洼陷区加厚、高地或凸起区减薄的特点，体现出两套地层沉积古地貌背景总体具有一致性。其中，B 区块两套地层厚度继承性特征不是非常明显，一方面与钻穿 ITP 组较少、资料有限有关，另一方面与岩浆岩非均匀发育导致厚度差别大有关。

（4）从层序发育完整性看，BV 组在洼陷及斜坡区层序发育完整，C 区块大部分区域及 A 区块 SSQ4～SSQ7 层序发育完整，在 TUPI 高地由斜坡向高地过渡区域，SSQ4、SSQ5、SSQ6 层序具有逐层上超特征，SSQ7 层序在高地普遍发育，B 区块多数区域缺失 SSQ4 和 SSQ5 层序；ITP 组发育广泛，各区块未见明显的层序缺失，仅在 TUPI 高地顶部整体缺失 ITP 组，在高地、斜坡区存在 SSQ1、SSQ2、SSQ3 层序逐层上超特征（图 1.16）。

各区块层序地层格架及四级层序发育特征描述如下。

过 B 区块连井层序对比剖面显示（图 1.17），自北西至南东向，纵向上 BV 组 SSQ4 和 SSQ5 层序缺失，推测在 ITP 组沉积后，该区域整体处于隆升剥蚀状态，形成了区域上的破裂不整合面。SSQ6、SSQ7 层序在剖面上发育完全。B 区块 BV 组与 ITP 组厚度继承性不是特别明显，如 S32 井 ITP 组最薄，而 S8 井 BV 组最薄，ITP 组厚度明显大于 S32 井，一定程度表明两个层序沉积中心有差异，分析 SQ1 层序 S35 井区古地貌相对较高，SQ2 层序 S8 井区古地貌相对较高。当然，ITP 组与 BV 组厚度变化趋势的差异与后期火山侵入岩在本区块的普遍发育也有关。

过 C 区块北西向连井剖面显示，自北西至南东 ITP 组对应的 SQ1 层序、BV 组对应的 SQ2 层序厚度整体上呈现变薄的趋势（图 1.18）。南部 TUPI 高地 SQ1 层序及 SSQ4 层序发育不完整，表明 TUPI 高地在湖相灰岩沉积时期长期处于隆升状态，仅仅在 SQ2 层序发育中晚期才接受沉积，SSQ5、SSQ6、SSQ7 层序在高地存在逐层上超，顶部沉积厚度最薄的 SSQ7 层序。该区域叠层石微生物灰岩及球状微生物灰岩主要发育在 SSQ5～SSQ6 层序中。

A 区块连井剖面 SSQ1～SSQ7 四级层序发育较为完整（图 1.19）。西北部地区 SSQ5～SSQ7 层序主要发育球状微生物灰岩和叠层石微生物灰岩，南部地区主要以叠层石微生物灰岩为主。在 SSQ1～SSQ3 层序中，西北部地区介壳灰岩相比南部地区厚度较大，东南部 S19 井区 ITP 组厚度最薄，分析 SQ1 层序该井区古地貌相对较高，可容纳空间受限。在 SSQ4～SSQ7 层序中，东南部叠层石生物礁灰岩厚度较大，以 S18 井区最为典型，S7 井区 BV 组厚度最薄，分析 SQ2 层序该井区古地貌相对较高，可容纳空间受限。

1.2.4　三级层序充填样式

桑托斯盆地湖相碳酸盐岩层序发育于高低起伏的古地貌背景，整体表现为沉积物自洼陷或斜坡不断向凸起或高地方向充填的特征。BV 组、ITP 组内部包含多个级次的湖侵、湖退旋回，ITP 组总体具有填平补齐的特征，三级层序湖侵体系域与高位体系域厚度相近，而 BV 组三级层序以高位体系域为主，体现出海平面主要以震荡湖退为特征。受相对海平面变化及构造活动影响，BV 组及 ITP 组在不同区域必然存在不同的充填样式。为了进一步明确区内湖相碳酸盐岩层序地层充填特征及迁移规律，在层序划分的基础上，通过分析不同古地貌背景下 BV 组及 ITP 组的地震反射结构，识别出不同古地貌背景下三种典型三级层序充填样式。

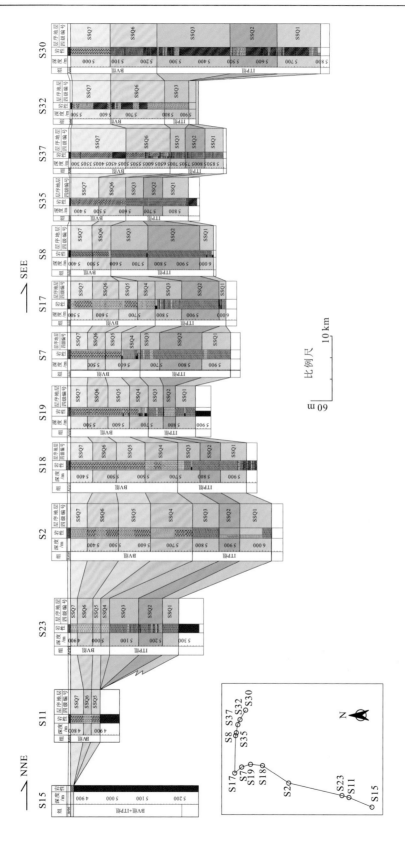

图1.16 桑托斯盆地C—A—B区块连井层序对比剖面图

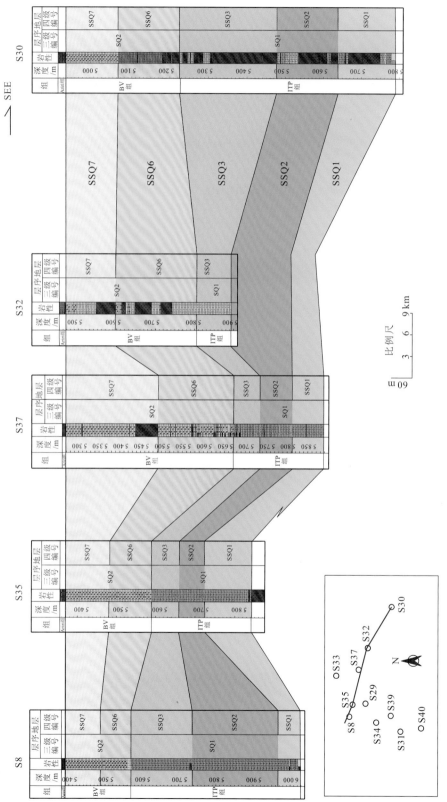

图 1.17　桑托斯盆地 B 区块连井层序对比剖面图

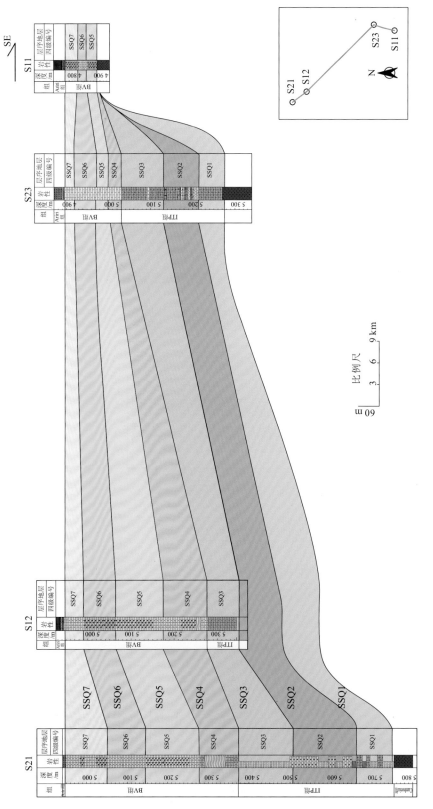

图 1.18　桑托斯盆地C—A区块连井层序对比剖面图

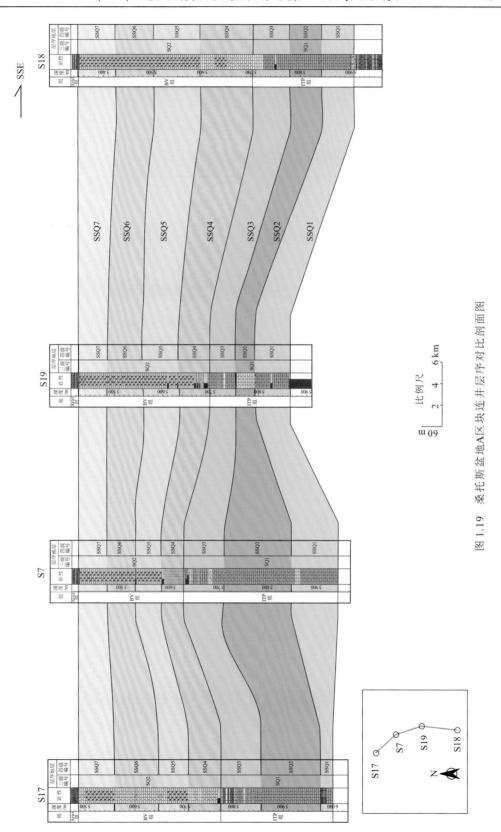

图 1.19　桑托斯盆地 A 区块连井层序对比剖面图

样式I：凸起过饱和充填样式。B区块凸起坡折部位最为典型，该样式ITP组及BV组均为过饱和沉积，生物礁滩沉积厚度大，沿凸起或斜坡坡折延伸范围远（图1.20）。其沉积机理为：层序地层迁移主要是因为沉积物供应速率大于可容纳空间增长速率，大量沉积物向斜坡或盆地方向快速堆积。如图1.20所示，ITP组及BV组沉积物供应充足，在凸起周缘或斜坡区形成多个进积体，每个进积体上倾端为相对浅水的高能区，也是介壳滩和微生物礁发育有利区。

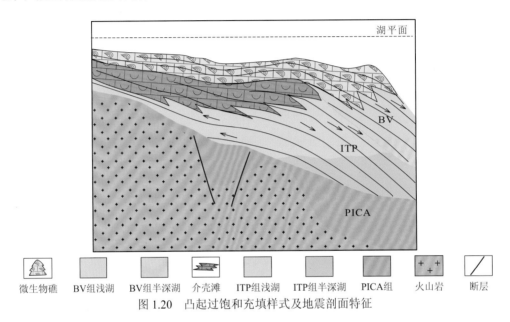

图1.20　凸起过饱和充填样式及地震剖面特征

样式II：缓坡近饱和充填样式。C区块TUPI高地西部缓坡或凸起顶部最为典型。桑托斯盆地东部隆起带C区块发育TUPI高地，该高地长期持续隆升，破裂作用未能对高地格局产生根本性的改造，只是在高地的缓坡或陡坡形成局部倾斜断块和凸起，是大于各类凸起的高一级构造单元，2.4.2小节将高地所形成的古地貌等级划分为一阶，而凸起划分为二阶。该样式ITP组及BV组湖相灰岩沉积范围大，礁滩延伸范围远，均表现为填平补齐近饱和沉积特征，ITP组在深缓坡沉积厚度大，BV组沉积厚度较样式I坡折区略微减薄（图1.21）。其沉积机理为海平面变化幅度不大，沉积物供应速率与可容纳空间增长速率相近，在斜坡区形成多个加积体，是湖相生物礁滩发育较有利区。

样式III：陡坡欠补偿充填样式。C区块TUPI高地陡坡最为典型。ITP组—BV组为欠补偿沉积，沉积厚度薄，延伸范围小（图1.22）。其沉积机理为沉积中心向深水方向迁移是由绝对海平面下降引起的，沉积速率远低于海平面下降速率，主要发育湖侵体系域，高位体系域为辅。BV组整体表现为向岸方向迁移的特征，但也可见顶超点，存在向深水方向迁移的特征，说明该层序内部还包含多个湖侵和湖退旋回。该样式微生物礁发育程度相对较低。

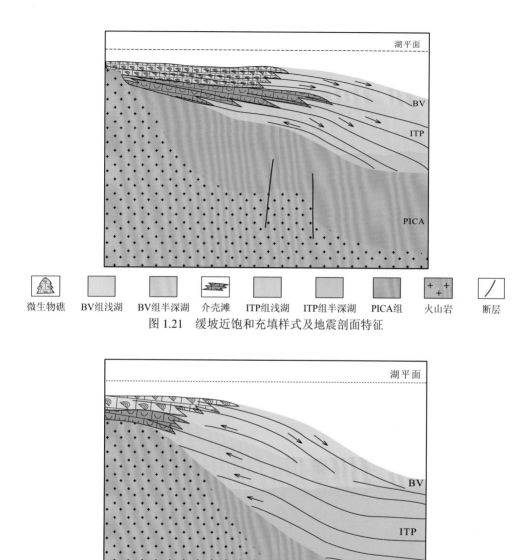

微生物礁 BV组浅湖 BV组半深湖 介壳滩 ITP组浅湖 ITP组半深湖 PICA组 火山岩 断层

图 1.21 缓坡近饱和充填样式及地震剖面特征

微生物礁 BV组浅湖 BV组半深湖 介壳滩 ITP组浅湖 ITP组半深湖 PICA组 火山岩

图 1.22 陡坡欠补偿充填样式及地震剖面特征

综上所述，桑托斯盆地发育三种三级层序充填样式。不同古地貌特征，充填样式不同。样式 I 主要发育在凸起坡折部位，样式 II 主要发育于高地缓坡或凸起顶部，样式 III 主要发育于高地陡坡。最有利于湖相生物礁滩发育的三级层序充填样式为样式 I，其次为样式 II。

1.2.5　层序发育特征及演化成因

1. 重点区层序界面地震解释

三维地震资料所揭示的地层超覆尖灭关系、厚度变化等信息能较好地反映层序发育特征及演化规律。地震剖面上，通过精细标定，桑托斯盆地三维地震资料可以较好地识别三级层序，如图 1.9、图 1.10 所示，也可以较好地识别和预测四级层序。本小节划分的四级层序在大部分区域（TUPI 高地及 B 区块凸起局部区域除外）对应一个或一个以上独立的地震相位，横向可稳定追踪对比，如图 1.23 所示。在 C 区块西部斜坡区，BV组所划分出的 4 个四级层序（SSQ7、SSQ6、SSQ5、SSQ4）对应 4 个地震相位，在拗陷及凸起区，随着地层厚度增加或减薄，地震相位相应增加或减少。

为分析三维区层序地层特征及演化规律，开展了大量的地震层位解释工作，共对比解释了大坎普斯盆地多条二维骨架剖面，针对 C、B、A 三区块三维地震资料区（资料面积达 10 647 km^2）解释了三个地震反射层，分别为 BV-top 反射层、ITP-top 反射层、ITP-base反射层；此外，针对 C 区块，还追加解释了三个四级层序界面：SSQ7 四级层序界面、SSQ6四级层序界面、SSQ5 四级层序界面（图 1.23）。各反射层特征分述如下。

BV-top 反射层：一般表现为强相位，反射波特征清楚，连续性好，全区易于对比追踪，为区内主要标志反射层之一。

SSQ7 反射层：相当于 SSQ7 层序底界，一般对应中强相位，反射波能量中强，能连续对比追踪，向凸起及高地随着厚度减薄，相位变窄，频率略微升高，与上伏 BV-top反射层厚度差较稳定。

SSQ6 反射层：相当于 SSQ6 层序底界，一般表现为单一中强相位，横向上能连续对比追踪，与上覆 SSQ7 反射层厚度差相对稳定，向凸起及高地随着厚度减薄，相位变窄，频率略微升高，向斜坡低部位厚度增大，界面上新增 1～2 个相位，并出现上超特征。

SSQ5 反射层：相当于 SSQ5 层序底界，反射波能量中强，能连续对比追踪，与上覆SSQ6 反射层厚度差较大，在高地相位变窄，频率略微升高，在斜坡低部位厚度增大，界面上新增 2～3 个相位，并出现上超特征。

ITP-top 反射层：即 BV 组的底界，反射波能量较强，能连续对比追踪，在斜坡及洼陷区表现为稳定强反射，在斜坡高部位及凸起区，反射强度有强弱转换，斜坡区界面之上可见相对连续的强反射特征，界面之下为弱反射背景，为区内主要标志反射层之一。与上覆 SSQ5 反射层厚度差横向变化相对较大，在斜坡低部位厚度增大，界面上新增 2～3 个相位，上覆地层表现为较为明显的底超特征，该反射层在斜坡高部位有上超特征。

ITP-base 反射层：一般表现为单强相位，反射波特征清楚，连续性好，易于对比追踪，为区内主要标志反射层之一。界面之上总体为弱反射背景，向斜坡高部位厚度逐渐减薄，界面上可见逐层上超特征，反射强度也逐渐增强，界面之下主要为中强反射，且具有典型的削截特征。

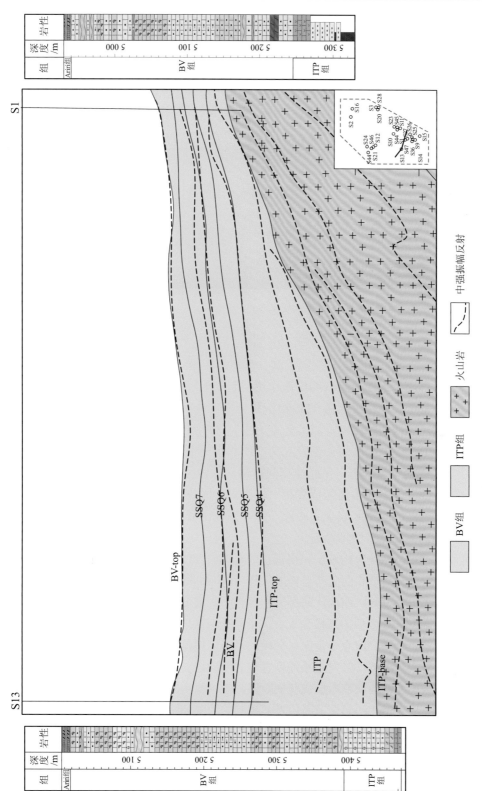

图 1.23　C区块湖相碳酸盐岩四级层序地震剖面

2. 重点区层序发育特征

基于层序地层格架及层序界面地震精细标定与无井区地震界面识别，开展 C、A、B 三个区块三维地震资料层序界面追踪（图 1.24），制作三个区块 ITP 组、BV 组厚度图，针对 C 区块，制作四级层序厚度图，明确各区块沉积前盆地特征及各层序厚度纵横向变化特征。

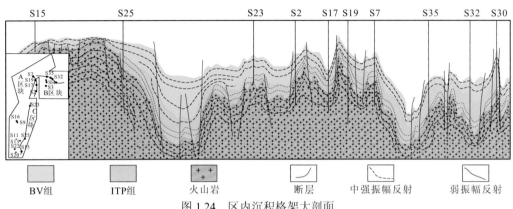

图 1.24 区内沉积格架大剖面

总体上看，基底的隆凹格局控制了湖盆形态及规模。选取 BV 组顶界作为古水平面，对地震剖面进行层拉平以消除后期构造作用引起的地层形变，恢复 ITP 组早期沉积时的古地貌特征，基于此制作了区内 ITP 组沉积早期古地貌图（图 1.25）。图中可见基底隆起主要为北东、北西两种走向，以北东向为主。ITP 组沉积前古地貌表现为东西分带的特点，以 TUPI 高地—A 区块中部隆起所在的北东—中部隆起带为界。在该隆起带以东的 B 区块厚度变化相对较小，呈隆洼相间格局，总体呈现"U"形特征，在 B 区块北部为低洼区，其他三个方向古地貌位置相对较高，B 区块产油区主要位于三维地震资料区西部凸起位置。A 区块主要表现为中部凸起，东西两翼为浅洼的特征，东部洼陷略深，坡度略大，油田主要位于中部凸起上。

C 区块具"三凸两洼"构造沉积格局，即北东向 TUPI 高地及其向北延伸的中部隆起与该隆起西部发育的两个北西向凸起构成三凸，在中部北西向凸起左右两侧发育两个洼陷，东部洼陷厚度大，坡度陡，西部洼陷厚度相对较小，坡度缓。三个凸起上具有油田发现，以 TUPI 高地北西翼的 C 油田规模最大。关于桑托斯盆地构造样式，汪新伟等（2015）提出了东西（倾向）分带、南北（走向）分段的"斜向棋盘"结构认识，认为在圣保罗高地所在的北东向构造带内部，除发育桑托斯盆地北西向控盆调节断层外，还在盆地内部普遍发育有多条次级的北西向调节断层或转换断层，C 区块内北西向拉张断层及伴生的凸起、洼陷一定程度上均属于北西向调节断层及其控制的地垒-地堑或半地垒-半地堑。

C 油田所在的北东向展布的 TUPI 高地，西侧平缓，东侧陡峭，向西缓坡古地貌上存在多级台阶或阶梯状凸起，湖相生物灰岩厚度阶梯状增大，如 C 油田 S1 井位于二级台阶、其西北的 S13 井位于三级台阶。在 TUPI 高地顶部与二级台阶两个构造脊之间发育一个北东向半地堑洼地（图 1.25、图 1.26）。

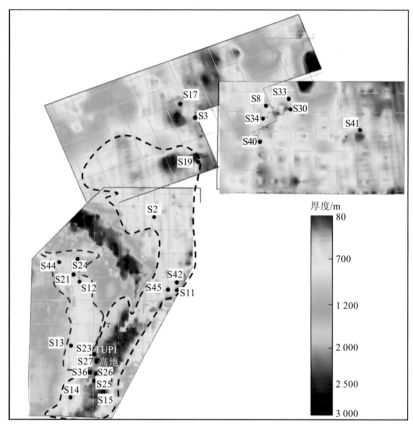

图 1.25　区内 ITP 组沉积早期古地貌图

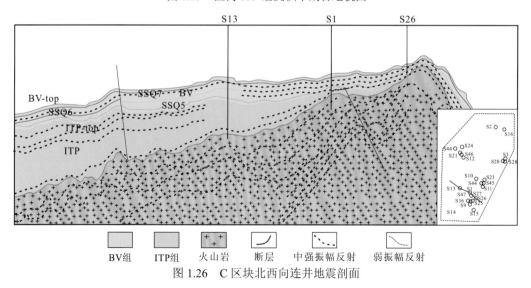

图 1.26　C 区块北西向连井地震剖面

　　基于对层序厚度及沉积盆地的总体认识，使用层拉平技术对 C 油田所在的 TUPI 高地的三级层序纵向变化特征进行进一步剖析。通过拉平 ITP 组的顶层，恢复 C 区块在 ITP 期沉积期内古地貌，钻井证实 TUPI 高地缺失 ITP 组。C 油田所在的 TUPI 高地北西翼在该期主要表现为缓坡沉积，向西坡度均匀变化，沉积厚度逐渐增加，在 S26 井所在的二级台阶附近，坡度变化相对较大（图 1.27），向东为陡坡沉积，厚度变化大。通过拉平 BV 组的顶层，恢复 C 区块在 BV 组沉积期内古地貌，从厚度变化上看，TUPI 高地西北缓坡 BV 组总体具有西厚东薄的特点，但沉积厚度变化相对 ITP 组明显减小，反映沉积坡度较 ITP 组沉积期减缓的特点，体现了裂谷后期湖盆萎缩、局限湖盆填平补齐的沉积特点（图 1.28）。

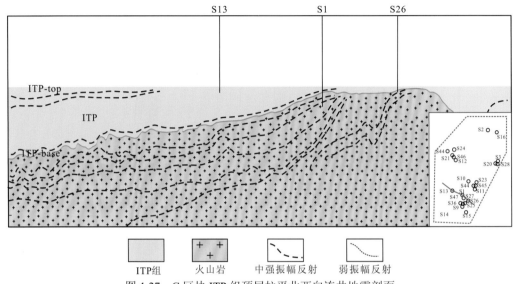

图 1.27　C 区块 ITP 组顶层拉平北西向连井地震剖面

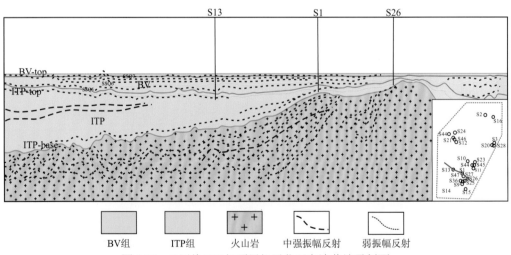

图 1.28　C 区块 BV 组顶层拉平北西向连井地震剖面

为深化重点区不同级别层序发育规律认识，制作 C 区块 ITP 组（SSQ1～SSQ3）厚度图、BV 组（SSQ4～SSQ7）厚度图（图 1.29）。从 ITP 组及 BV 组厚度变化规律看，二者具有明显的相似性，均表现为在凸起带厚度薄、TUPI 高地最薄、洼陷区厚度增加、北部洼陷区厚度最大，表明沉积继承性非常明显，C 区块在 ITP 组沉积期湖盆初步形成，BV 组沉积前期，由于盆内断裂持续拉张、湖盆成型，到 BV 组沉积后期，湖盆逐渐萎缩消失。

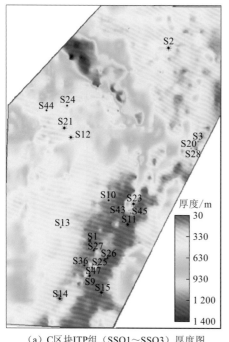 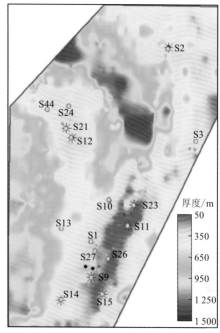

　（a）C区块ITP组（SSQ1～SSQ3）厚度图　　　　（b）C区块BV组（SSQ4～SSQ7）厚度图

图1.29　C区块ITP组（SSQ1～SSQ3）和BV组（SSQ4～SSQ7）厚度图

　　从C区块BV组SSQ4、SSQ5、SSQ6厚度图上看（图1.30），SSQ4层序期BV组明显继承了ITP组沉积的特点，"三凸两洼"格局明显。SSQ5层序期，BV组厚度差异明显减小，洼陷基本得以填平补齐。SSQ6～SSQ7层序期为拗陷中晚期，BV组沉积地层整体较薄，凸洼相间格局基本消失，为盆地萎缩-消亡期沉积。

3. 层序演化成因

　　桑托斯盆地湖相碳酸盐岩各层序发育的完整性及厚度横向变化大，总体体现出裂谷晚期填平补齐的层序充填特点。从层序发育完整性上看，ITP组在C区块TUPI高地缺失，在B区块仅局部缺失SQ1层序，其他地区发育完整；BV组在C区块TUPI高地发育不完整，越到高地顶缺失层序越多，缺失最多的钻井是S15井，仅存留SSQ7层序，在B区块普遍缺失SSQ4、SSQ5层序。从厚度上看，ITP组总体具有由古构造低部位向高部位上超、厚度由厚变薄的特点。BV组与ITP组厚度变化趋势在C区块总体一致，在B区块及A区块ITP组及BV组厚度变化相对较小，但BV组与ITP组厚度变化趋势差异大，BV组厚的地方与ITP组厚的地方不一致。上述层序发育特征的差异性，主要是由构造运动及沉积过程造成的。

　　桑托斯盆地层序发育特征与盆地各层序发育的沉积-构造演化背景密不可分，如1.1.2小节所述，桑托斯盆地构造演化可划分为4个阶段，与此相对应发育了4套巨厚沉积层序，即裂谷前克拉通内拗陷层序、裂谷期陆相层序、过渡期蒸发岩层序和漂移期层序。部分学者依据钻井与地震剖面资料将盐下地层层序进一步细分为裂谷前克拉通内拗

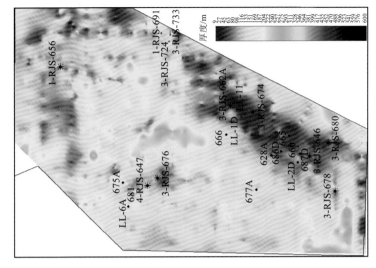

(c) SSQ6

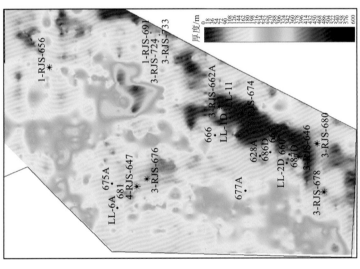

(b) SSQ5

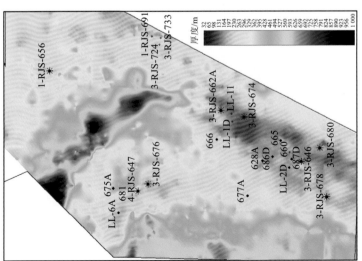

(a) SSQ4

图 1.30　C 区块 BV 组 SSQ4、SSQ5、SSQ6 厚度图

陷层序,裂谷期的下裂谷层序、中裂谷层序、上裂谷层序(ITP 组)和过渡期的下拗陷层序与上拗陷层序(BV 组)(汪新伟 等,2013)。与 1.1.2 小节最大的差异是,将 BV 组划入了过渡期,主要依据是沉积环境及岩相变化的显著差异。BV 组下部(相当于 SSQ4~SSQ5)属于下拗陷层序,发育于裂谷期后的拗陷期,即著名的破裂不整合之后,这个不整合在坎普斯盆地称为前阿拉戈斯州(Alagoas)不整合,它把过渡层序与下伏的裂谷层序分开。BV 组上部(相当于 SSQ6~SSQ7)属于上拗陷层序,与 BV 组下部被一个阿普特期的不整合面分开。

前人研究表明,桑托斯盆地湖相碳酸盐岩沉积期发育两期构造运动,形成两个不整合,一是 ITP 组沉积后发育的破裂不整合,二是 BV 组内部的一个不整合。

通过上述分析不难看出,不同裂谷层序、拗陷层序沉积-构造演化背景是决定层序发育的关键,通过井震联合分析,得出一些新的认识:一是 C 区块 ITP 组厚度最大的沉积中心与下伏 PICA 组不一致(图 1.31),表明下裂谷层序与中裂谷层序之间为明显的构造转换面,该构造转换面对成藏的影响需要后续深化研究;二是 ITP 组沉积后,B 区块存在明显隆升,C 区块及 A 区块 BV 组层序发育完整,为沉积主体区。BV 组与 ITP 组厚度变化趋势在 C 区块总体一致,表明破裂不整合对 C 区块沉积影响不大。但在 B 区块,BV 组与 ITP 组厚度变化趋势差异大,一方面与生屑滩、生物礁发育程度差异有关,另一方面,在 B 区块,BV 组缺失 SQ4、SQ5 层序,表明 ITP 组沉积后,B 区块存在明显隆升,这与前人关于 BV 组内部存在构造运动界面(划分为上、下拗陷层序)的认识是不谋而合的。

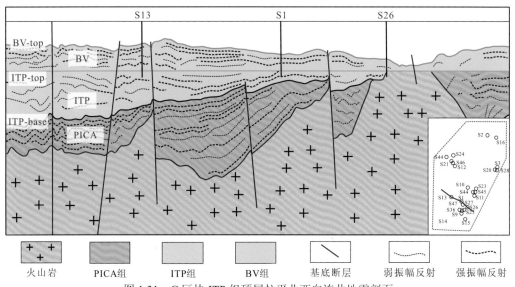

图 1.31　C 区块 ITP 组顶层拉平北西向连井地震剖面

<table>
<tr><td>第 2 章</td><td># 盐下湖相碳酸盐岩沉积特征及发育机理</td></tr>
</table>

2.1 岩石学特征

2.1.1 岩石类型划分方案

对碳酸盐岩进行详细的分类和命名在解释碳酸盐岩的岩石性质及其沉积环境时至关重要。目前碳酸盐岩的分类方案都是基于岩石的结构或成分建立的。基于海相碳酸盐岩的特征和成因而建立的福克三端元分类（Folk，1962）和邓哈姆结构分类（Dunham，1962）仍然非常具有实用性和指导性，Embry 和 Klovan（1971）、Wright（1992）对其进行的修改和完善也具有很大帮助。

桑托斯盆地盐下湖相碳酸盐岩储层岩石类型较多，成因争议较大，国内外不同学者采用的分类方案和所用的术语差别也非常明显。

Terra 等（2010）在福克三端元分类（Folk，1962）、邓哈姆结构分类（Dunham，1962）及 Embry 和 Klovan（1971）分类基础上，根据沉积结构将桑托斯盆地盐下湖相碳酸盐岩划分为 4 大类并使用了一些新的术语，见表 2.1。

表 2.1　桑托斯盆地盐下湖相碳酸盐岩的分类方案

沉积时未黏结在一起的碳酸盐岩	黏结在一起或就地沉积的碳酸盐岩	沉积过程中黏结或未黏结的碳酸盐岩	未识别沉积结构的碳酸盐岩
泥晶灰岩	黏结岩	规则纹层状泥晶灰岩	结晶灰岩
粒泥灰岩	叠层石	不规则纹层状泥晶灰岩	白云岩
泥粒灰岩	树枝状叠层石		
颗粒灰岩	丛状叠层石		
漂浮状灰岩	凝块岩		
砾状灰岩	枝状石		
生物富集角砾岩	球状灰岩		
	钙华		

但是在实际使用过程中，Terra 等（2010）提出的盐下湖相碳酸盐岩分类存在 6 个较明显的问题亟待解决。①根据沉积结构将盐下湖相碳酸盐岩划分为 4 大类型界限不明，

极易产生误解，如黏结在一起或就地沉积的碳酸盐岩与沉积过程中黏结或未黏结的碳酸盐岩这两种类型都含有黏结的沉积结构，两者界限不易确定。②该分类最为突出的问题是涉及的岩石类型划分过细、岩石类型非常多（多达 19 种碳酸盐岩岩石类型），岩石类型过细、过多会使学者在使用过程中极易产生混乱。在实际操作过程中，一般将桑托斯盆地划分为 BV 组微生物碳酸盐岩和 ITP 组生物碎屑碳酸盐岩这两种一目了然且成因截然不同的碳酸盐岩。③分类中所采用的岩石类型术语较生僻，如"漂浮状灰岩"和"砾状灰岩"实际上主要指的是 ITP 组介壳灰岩类，"漂浮状灰岩"和"砾状灰岩"两个术语目前未被我国学者广泛接受，如朱石磊等（2017）、王颖等（2016）和康洪全等（2018a，2018b，2018c）都直接采用术语"介壳灰岩"，这是因为组成的介壳含量都较高。基质支撑的漂浮状灰岩和砾状灰岩即为我国学者俗称的"含泥介壳灰岩"或"泥质介壳灰岩"。"砾状灰岩"即为我国学者俗称的较干净、泥质含量低的"介壳灰岩"，而明显可以看出"介壳灰岩"更加直接且通俗易懂。④部分岩石类型存在过渡类型或相似生长形态，实际上非常难以具体划分，如叠层石、树枝状叠层石、丛状叠层石、枝状石等，它们皆属于微生物灰岩类型，且主要表现为组成的方解石集合体形态有所差异。实际中往往存在较少的单一类型方解石集合体形态，且多数形态类型往往较难准确区分。⑤我国学者常用更能体现成分的术语代替相同含义的部分术语，如 ITP 组"泥粒灰岩"实际上指的是泥晶生屑灰岩，"粒泥灰岩"实际上指的是生屑泥晶灰岩。虽然术语"粒泥灰岩"和"泥粒灰岩"被我国一些学者采用（康洪全等，2016），但术语"泥晶生屑灰岩"和"生屑泥晶灰岩"明显更符合我国学者的使用习惯，在实际使用中让大家对其岩石的成分及结构更容易理解。⑥部分岩石类型在研究区、研究层位不发育，如钙华。国外学者在研究中也采用了一些岩石类型术语，如 Lima 和 De Ros（2019）认为断陷阶段（即 ITP 组沉积期）主要的碳酸盐岩类型为生物碎屑颗粒灰岩、白云岩、生屑砾状灰岩；而拗陷阶段（即 BV 组沉积期）主要的碳酸盐岩类型为柱状方解石壳、球状灰岩、内碎屑砾状灰岩、颗粒灰岩、白云岩等。然而，专业术语"结壳"也并未得到我国学者的认可。国内外有部分学者认为 ITP 组介壳灰岩属于生物礁灰岩的成因范畴。Castro 等（1981）和朱石磊等（2017）认为"纯介壳灰岩"对应福克三端元分类体系中的生物礁灰岩。我国学者目前已普遍认为，ITP 组为以机械成因、生屑滩沉积为主的生物碎屑灰岩类型，具体包括介壳灰岩和泥质介壳灰岩（康洪全等，2016），且生屑滩中介壳滩包括介壳灰岩，滩缘包括泥质介壳灰岩、粒泥灰岩，浅湖泥包括含介壳泥灰岩、泥灰岩等岩石类型（康洪全等，2016）。BV 组为微生物成因、微生物礁亚相沉积的微生物灰岩，主要岩石类型包括叠层石灰岩和鲕粒灰岩（康洪全等，2018c），微生物礁核包括叠层石微生物灰岩、鲕粒灰岩，礁缘包括泥质叠层石微生物灰岩、粒泥灰岩，浅湖泥包括泥灰岩等（康洪全等，2016）。其中，鲕粒灰岩又分为泥质鲕粒灰岩和鲕粒泥灰岩（王颖等，2016）。张德民等（2018）将 BV 组湖相碳酸盐岩分为湖相微生物碳酸盐岩、湖相颗粒碳酸盐岩和湖相结晶碳酸盐岩三大类，并根据微生物形态、颗粒灰泥含量、结晶碳酸盐岩矿物成分等特征，将上述三大类湖相碳酸盐岩细分为叠层石、球状微生物岩、层纹岩、泥晶灰岩、粒泥灰岩、泥粒灰岩、颗粒灰岩、砾屑灰岩、结晶灰岩、白云岩 10 种碳酸盐岩类型。

　　总体上来看，桑托斯盆地 ITP 组以介壳灰岩为代表的机械成因的生物碎屑灰岩，以及 BV 组微生物成因的微生物灰岩分别属于两种不同成因类型的碳酸盐岩，并且目前已经得到国内外学者的广泛认可（Lima and De Ros，2019；康洪全 等，2018c；Terra et al.，2010）。

　　虽然任何一种分类方案都不能很好地表征更为复杂的盐下湖相碳酸盐岩的岩石学特征，但是经过不断地分析总结，兼顾机械-化学-生物三重成因要素，基于盐下湖相碳酸盐岩的岩心、岩屑和岩石薄片等基础资料，考虑宏观、微观两个维度，根据被我国学者广泛接受的 Folk（1959）、Dunham（1962）、曾允孚和夏文杰（1986）的分类方案，再结合 Riding（2000）的微生物碳酸盐岩的分类方案（表 2.2），建立适用于盐下湖相碳酸盐岩的岩石学分类方案。

表 2.2　微生物碳酸盐岩的分类方案

主要类型	亚类
叠层石	①骨骼状叠层石；②粘合状叠层石；③细粒状叠层石；④泉华叠层石；⑤陆生叠层石
凝块石	①钙化微生物凝块石；②粗粒的粘合状凝块石；③树枝状凝块石；④泉华凝块石；⑤沉积后-生物扰动形成的凝块石；⑥增生型凝块石；⑦次生凝块石
树形石	
均一石	

　　以机械成因、化学成因和微生物成因作为三端元分类的顶点作一个三角形图解，可以把桑托斯盆地盐下湖相碳酸盐岩分为以流水搬运的机械成因机制为主的颗粒灰岩类、以化学沉淀的化学成因机制为主的泥晶灰岩、结晶灰岩和白云岩类及以微生物沉淀的微生物成因机制为主的微生物灰岩类（图 2.1）。在这三种主要灰岩类型的基础上，根据颗粒的类型（颗粒灰岩类）、微生物的形态（微生物灰岩类）、泥晶含量（泥晶灰岩类）和主要胶结物的类型（方解石胶结物、黏土矿物胶结物）进一步划分桑托斯盆地盐下湖相碳酸盐岩（图 2.2）。

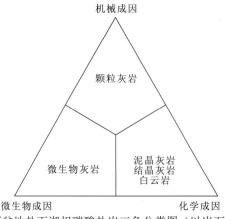

图 2.1　桑托斯盆地盐下湖相碳酸盐岩三角分类图（以岩石薄片为依据）

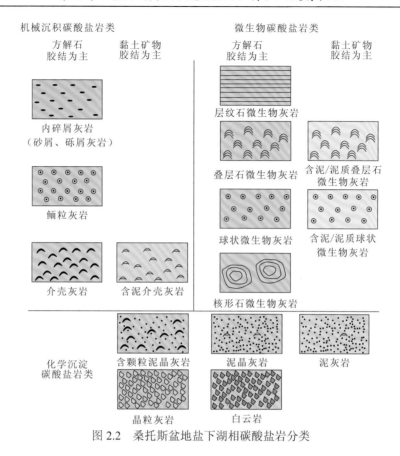

图 2.2　桑托斯盆地盐下湖相碳酸盐岩分类

在上述分类基础上，将桑托斯盆地划分出"3 大类，17 小类"的盐下湖相碳酸盐岩（图 2.1、图 2.2、表 2.3），3 大类为机械沉积碳酸盐岩类、化学沉淀碳酸盐岩类、微生物碳酸盐岩类，具体岩石类型以叠层石微生物灰岩、球状微生物灰岩（BV 组）和介壳灰岩（ITP 组）为主。

表 2.3　桑托斯盆地盐下湖相碳酸盐岩岩石类型综合表

成因类型	岩石类型	层位
机械沉积碳酸盐岩类	介壳灰岩	ITP 组
	含泥介壳灰岩	
	鲕粒灰岩	
	内碎屑（砂屑、砾屑）灰岩	
化学沉淀碳酸盐岩类	泥晶灰岩	ITP 组+BV 组
	含颗粒泥晶灰岩	
	泥灰岩	
	晶粒灰岩	
	白云岩	

续表

成因类型	岩石类型	层位
微生物碳酸盐岩类	叠层石微生物灰岩	BV 组
	含泥叠层石微生物灰岩	
	泥质叠层石微生物灰岩	
	球状微生物灰岩	
	含泥球状微生物灰岩	
	泥质球状微生物灰岩	
	层纹石微生物灰岩	

关于本小节提出的盐下湖相碳酸盐岩分类方案，需要特别指出以下几点。

（1）介壳类组成的生物碎屑灰岩根据泥质含量分为泥质较少、干净的介壳灰岩和泥质含量较多的含泥介壳灰岩。

（2）鲕粒灰岩是指以方解石为主要成分，以圈层清楚、椭圆形的真鲕颗粒作为主要颗粒组成的灰岩类型，主要发育于 ITP 组中，BV 组未见。在桑托斯盆地 ITP 组中，还出现具有特色的由滑石-镁皂石包壳构成的鲕粒及由该滑石-镁皂石鲕粒构成碎屑组分的岩石，在本书中则称为滑石-镁皂石鲕粒砂岩，不属于碳酸盐岩类型（详细描述及成因解释见 2.1.2 小节）。

（3）除叠层石微生物灰岩外，桑托斯盆地中还发现了微生物成因的球状微生物灰岩。球状微生物灰岩多发育在 BV 组两套叠层石微生物灰岩之间。国内部分学者认为是鲕粒灰岩（康洪全 等，2018a，2018b；王颖 等，2017，2016），但事实上，这类具有放射状结构的球粒在湖相体系中较广泛发育，称为球粒状方解石（Mercedes-Martín et al.，2016）；在已发表的相关文献中，相应的石灰岩类型称为"球状灰岩"（Farias et al.，2021；Lima and De Ros，2019）。本书将这种具有放射状结构的微生物灰岩称为球状微生物灰岩。根据泥质含量的多少，又分为较干净的球状微生物灰岩和含有较多泥质的含泥球状微生物灰岩。该名称与张德民等（2018）的"球状微生物岩"的名称含义一致。

（4）BV 组主要为乔木状、灌木状和树枝状等形态特征明显的微生物灰岩（本书统称为叠层石微生物灰岩），该名称与王颖等（2017，2016）、康洪全等（2018c）的"叠层石灰岩"或"叠层石微生物灰岩"及张德民等（2018）的"叠层石"名称基本相似，含义也一致。

桑托斯盆地在 ITP 组和 BV 组沉积期间由于盆地发展阶段不同，所形成的主要的碳酸盐岩类型也明显不同。ITP 组以介壳灰岩为主，而 BV 组以叠层石微生物灰岩和球状微生物灰岩为主（图 2.3）。

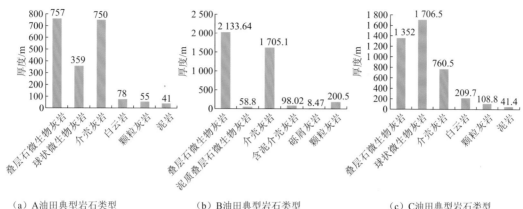

（a）A油田典型岩石类型　　　　　（b）B油田典型岩石类型　　　　　（c）C油田典型岩石类型

图 2.3　桑托斯盆地不同油田 ITP 组和 BV 组各岩性厚度统计图

ITP 组以生屑碎屑岩为主且以较纯净的介壳灰岩为主，含少量含泥介壳灰岩。除此之外还发育内碎屑（砂屑、砾屑）灰岩、鲕粒灰岩、泥晶灰岩、含颗粒泥晶灰岩、晶粒灰岩等，但含量极少，以薄层为主，代表低能环境的泥灰岩较广泛发育，局部也较厚。除了上述碳酸盐岩，还广泛发育：①泥岩、含介壳泥岩、粉砂质泥岩、砾岩等，以泥岩和粉砂质泥岩为主，砾岩含量极低；②一种较特别的滑石-镁皂石鲕粒砂岩，由滑石-镁皂石鲕粒作为主要碎屑组分，由于滑石-镁皂石在成岩过程中稳定性极差易产生溶蚀，其物性仅次于最好的介壳灰岩（Lima and De Ros，2019）。

BV 组微生物灰岩岩石类型相对而言显得较单一。发育以层纹石微生物灰岩、叠层石微生物灰岩、含泥叠层石微生物灰岩、泥质叠层石微生物灰岩、球状微生物灰岩、含泥球状微生物灰岩为代表的微生物灰岩，以及代表静水环境沉积的泥灰岩，其他碳酸盐岩基本不发育。除了上述碳酸盐岩，还发育一种特殊的泥岩，即滑石-镁皂石泥岩（Lima and De Ros，2019）。

2.1.2　主要岩石类型

1. ITP 组主要岩石类型

2.1.1 小节已述及 ITP 组的主要岩石类型，各岩石类型特征分述如下。

1）介壳灰岩

"介壳灰岩"原意指生物壳体硬质组分组成的致密堆积体。大西洋两岸盐下的介壳灰岩特指以双壳类硬质壳体为主，介形类和腹足类壳体为辅，并含有其他碳酸盐岩组分和硅质碎屑组分的岩性复合体（Thompson et al.，2015）。

ITP 组介壳灰岩是以生物壳体及碎屑为主的一种颗粒灰岩（生物碎屑灰岩），壳体大小在 0.5～5 cm，在岩心尺度可以识别出明显的铸模孔和溶孔、溶洞等结构（图 2.4），其成因与原地堆积或近距离搬运有关。

图 2.4　桑托斯盆地 ITP 组介壳灰岩的特征

（a）介壳灰岩，部分壳体被溶蚀，发育粒间孔和粒内溶孔，蓝色铸体薄片单偏光，5 264 m，S1 井；（b）介壳灰岩，部分壳体被溶蚀，发育粒间孔和粒内溶孔，岩心照片，5 264 m，S1 井；（c）介壳灰岩，含少量粒间孔和粒内溶孔，蓝色铸体薄片单偏光，5 266.8 m，S1 井；（d）介壳灰岩，含少量粒间孔和粒内溶孔，岩心照片，5 266.8 m，S1 井

根据介壳颗粒和灰泥基质的含量分析，介壳灰岩可分为两类：①介壳灰岩，以双壳为主、含少量灰泥基质的生物碎屑灰岩，结构多为颗粒支撑，介壳壳体粗大，指示高能水体环境（图 2.4），形成于水动力强且营养富集的沉积环境；②含泥介壳灰岩（图 2.5），以壳体较小的介形类壳体为主，灰泥含量较高，多为基质支撑，以灰泥含量较高、壳体较小且孔隙不发育为特征，铸模孔不发育，粒间孔经过溶蚀改造后具有一定的储集能力，基质支撑结构和较小的壳体表明水体相对低能且环境整体缺乏足够的营养物质供给。

图 2.5　桑托斯盆地 ITP 组含泥介壳灰岩的特征

（a）含泥介壳灰岩，压实作用强烈，壳体相互叠置并具定向排列，显微薄片单偏光，5 270.5 m，S1 井；（b）含泥介壳灰岩，压实作用强烈，壳体相互叠置并具定向排列，岩心照片，5 270.5 m，S1 井

但是，也有学者认为介壳灰岩属于生物礁灰岩。如 Castro 等（1981）在坎普斯盆地识别出了"纯介壳灰岩"和"颗粒介壳灰岩"两大类介壳灰岩，并认为"纯介壳灰岩"特征符合礁的概念，对应福克分类体系中的生物礁灰岩。朱石磊等（2017）也认为"纯

介壳灰岩"属于生物礁灰岩。但可见滑石-镁皂石鲕粒与双瓣生物形成的混合物,双瓣生物直径介于 0.5～2.0 mm,大的则超过 4 mm,壳体保存较好。由于滑石-镁皂石是在 pH 高于 9 时沉积,而双壳类在 pH 高于 8 时不能有效存活,说明滑石-镁皂石与双壳类在不同的水深、碱性环境下沉积后发生了混合,双瓣生物为异地搬运而来,介壳灰岩为机械成因的生物碎屑灰岩而不是原地障积成因的生物礁。

　　四川盆地下侏罗统自流井组大安寨段先后发现了一大批介壳灰岩油藏(蒋裕强 等,2010;李军 等,2010;邓康龄,2001),介壳灰岩岩石类型较多。相比四川盆地大安寨介壳灰岩,桑托斯盆地 ITP 组的介壳灰岩具有规模大、泥质含量少、生物类型相似的特点(表 2.4)。

表 2.4　桑托斯盆地巴雷姆阶 ITP 组介壳灰岩与四川盆地
下侏罗统自流井组大安寨段介壳灰岩沉积特征对比

项目	桑托斯盆地	四川盆地
层位	巴雷姆阶 ITP 组	下侏罗统自流井组大安寨段
岩石类型	介壳灰岩与鲕粒灰岩共生,并含有其他碳酸盐岩组分和部分硅质碎屑的岩性复合体	泥晶介壳灰岩、含泥质泥晶介壳灰岩、结晶介屑灰岩、亮晶含内碎屑介屑灰岩、泥质泥晶介壳灰岩、含球粒碎屑泥质泥晶灰岩、(含)介形轮藻泥晶灰岩、含泥质介壳泥晶灰岩、泥晶灰岩类、泥晶云岩类、泥质岩类(聂海宽 等,2017)
生物类型	以双壳类硬质壳体为主,介形类和腹足类壳体为辅	体积分数为 65%～95%,主要为双壳类,见少量介形虫和腹足类
规模	厚度大,40～174 m	厚度为 35～44 m
沉积特征	介壳灰岩形成于水动力较强的环境中,常与泥灰岩等互层状产出(贾怀存 等,2021)	在浅滩边缘环境中形成的介壳保存较完整,在浅滩核部环境中形成的介壳较为破碎。(灰)泥质含量相对较多。主要与泥岩、页岩不等厚互层(谭梦琪,2017)

2)鲕粒灰岩

　　ITP 组鲕粒灰岩矿物成分主要由方解石组成,鲕粒常为椭圆形真鲕,大小以 0.1～0.2 mm 为主,圈层较清楚,核心常为泥晶或生屑,并且含有较多介壳碎屑(图 2.6)。鲕粒间常被石英等胶结。

　　鲕粒灰岩由于具有高孔隙度、高渗透率等特征,往往是良好的油气聚集场所,在油气勘探过程中具有重要意义(白国平,2007;康玉柱,2007;许建华和吕树新,2007;杨华 等,2006;李大成,2005)。但鲕粒灰岩常发育于海相环境,湖相环境一般发育较少,且海相鲕粒灰岩与湖相鲕粒灰岩无论在发育特点、发育规模、分布、岩石类型(成因和形态)、生物类型、孔隙、沉积特征、影响沉积因素和成岩作用等方面都存在显著差异(表 2.5)。

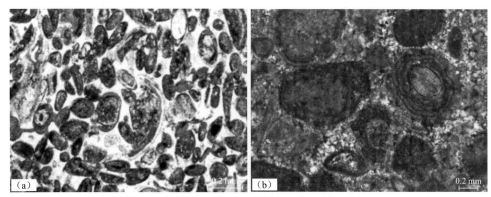

图 2.6 桑托斯盆地 ITP 组鲕粒灰岩的显微特征

（a）鲕粒灰岩，含少量介壳类和介形虫，单偏光，茜素红染色照片，5 277.5 m，S4 井；（b）鲕粒灰岩，鲕粒间由石英
胶结，正交偏光，茜素红染色照片，5 238 m，S4 井

表 2.5 湖相鲕粒灰岩与海相鲕粒灰岩的比较一览表

项目		海相	湖相
发育特点		分选磨圆好，赋存时代广；岩性普遍致密；后期经溶蚀被方解石充填；受赋存环境/生物影响层位如寒武系张夏组（姚琳 等，2018；河北井陉）、三叠系飞仙关组（周志澄 等，2018，四川江油，微生物巨鲕）和孟科匹（Moenkopi）组（Woods，2013；美国内华达州，生物鲕）、侏罗系罗佐（Rotzo）组（Preto et al.，2017；意大利北部）	赋存时代较海相少，国外主要见于白垩纪；受微生物影响；大部分地区厚度小；易受外界环境影响古近系—新近系干柴沟组（纪友亮 等，2017；柴达木盆地）、白垩系基萨马（Quissama）组（Vincentelli et al.，2017；坎普斯盆地）、三叠系斑砂岩统（Buntsandstein）组（Palermo et al.，2008；荷兰东北部）
发育规模		普遍厚，如意大利北部侏罗系 Rotzo 组，厚度大，地表出露晚侏罗世，鲕粒-核形石灰岩组，意大利南部，厚度大，10～30 m	厚度多变，普遍薄，沉积时代集中于中生代与新生代，如坎普斯盆地（巴西）侏罗系 Rotzo 组，单层厚度小，10 m
分布		横向连续性好，滩核向滩缘尖灭，纵向具继承性	横向连续性差
岩石类型	成因	机械成因鲕、机械-化学成因鲕、生物成因鲕	机械成因鲕、化学成因鲕、生物成因鲕
	形态	同心鲕、同心鲕-放射鲕、微晶鲕、椭圆鲕、棒状放射鲕、复鲕、脑状鲕等如馒头组—张夏组，豫西地区：同心鲕、同心鲕-放射鲕、微晶鲕、椭圆鲕、棒状放射鲕；马鞍塘组，川西北地区：复鲕、同心鲕、放射同心鲕、脑状鲕	表鲕、破裂鲕、球形鲕、椭球鲕、豆鲕、放射鲕及滑石-镁皂石鲕等，形态复杂，多具孔隙如七个泉组，柴达木盆地：表鲕、破裂鲕、球形鲕、椭球鲕、豆鲕及放射鲕等

续表

项目	海相	湖相
生物类型	与生物在某个时期占主导有关；飞仙关组富含腹足类、双壳类、蓝细菌等；沙里/朱马拉（Chari/Jumara）组富含菊石、腕足类、双壳类和箭石，几乎没有鹦鹉螺、腹足类和化石木	徐庄组—张夏组富含三叶虫、棘皮类、腕足类、介形虫、腹足类、瓣鳃类等；桑托斯盆地以双壳类、腹足类为主；生物组合较海相简单
孔隙	粒间溶孔、粒内溶孔、铸模孔、针形孔、生物体腔孔等	粒间孔、粒内孔、铸模孔、溶蚀孔等
沉积特征	滨湖、台地边缘等高能环境	滨浅湖、浅湖等高能环境，桑托斯盆地主要分布在微生物礁亚相
影响沉积因素	海平面：上升形成鲕粒滩，下降则被覆盖	湖平面：上升下降（湖侵湖退），伴随风暴湖侵鲕粒灰岩形成
	环境：蒸发环境下在上潮间带沉积鲕粒（如飞仙关组，川东地区）	环境：干旱蒸发环境下的鲕粒灰岩（晚三叠世，英格兰西部，克里夫登湖）
成岩作用	经历 4 个阶段，同生期-暴露-浅埋藏-深埋藏	经历沉积-成岩-埋藏阶段，白云石化强烈

　　桑托斯盆地 ITP 组鲕粒灰岩为湖相碳酸盐岩的一种，与广泛发育的海相鲕粒灰岩相比，具有时代较新（早白垩世）、规模小、单层薄、横向连续性差，发育在干旱蒸发浅湖高能带，沉积受控于湖平面变化和湖浪等特点。

3）滑石-镁皂石鲕粒砂岩

　　在 ITP 组发育一种特色的由滑石-镁皂石组成的鲕粒。考虑滑石-镁皂石常为通过蒸发浓缩途径形成于高盐、高碱（pH>9）、高 Ca、高 Mg、高 Mg/Ga 的蒸发盐湖环境下的化学沉淀矿物（Tosca and Masterson，2014；Furquim et al.，2008；Abrahao and Warme，1990），离子浓度、盐度、pH 等环境因素可影响滑石-镁皂石的形成（Pozo and Calvo，2018；Yeniyol，2014），蒸发可能是滑石-镁皂石大规模沉淀的触发因素（Wright and Barnett，2015）。滑石-镁皂石一般沉积在硅质高碱性湖泊、缺乏强水流活动的较深处（Herlinger et al.，2017；Armelenti et al.，2016；Saller et al.，2016）。且滑石-镁皂石鲕粒常与代表淡水环境的介壳共生，因此认为滑石-镁皂石鲕粒作为碎屑组分构成滑石-镁皂石鲕粒砂岩，不属于碳酸盐岩类。

　　滑石-镁皂石是一种富镁、无铝的三八面体蒙脱石层状硅酸盐矿物，是所有黏土矿物中最具地球化学活性的一种（Thompson et al.，2015），与常见的富铝黏土矿物相比，滑石-镁皂石在全球的赋存相对较少，且发育在特殊的碳酸盐岩沉积环境中（Pozo et al.，2016；Guggenheim，2015；Tosca and Wright，2015；Wright and Barnett，2015；Wright，2012；Guggenheim and Krekeler，2011；Tosca et al.，2011；Terra et al.，2010；Pozo and Casas，1999；Noack et al.，1989；Darragi and Tardy，1987），目前所发现或证实的滑石-

镁皂石主要发育于断陷后拗陷阶段碱性火山环境中形成的湖相碳酸盐岩沉积体系中（Mercedes-Martín et al.，2019；Teboul et al.，2019；Saller et al.，2016；Wright，2012；Terra et al.，2010）。Armelenti 等（2016）认为滑石-镁皂石与火山活动有关，火山作用在湖相碳酸盐岩的形成中起着重要的作用，经常会促进形成与三八面体蒙脱石、钙钛矿和钠碳酸氢盐有关的高碱性环境（Cerling，1994），滑石-镁皂石是与水热和/或岩浆活动相关的高 pH 和 Mg 活性的产物（Cerling，1996）。在火山流域发育的湖泊往往以富含 Ca、Mg、SiO_2 和 HCO_3^- 的水为特征，通常达到碱性 pH 值（Yuretich and Cerling，1983），这种化学环境通常会形成滑石-镁皂石（Cerling，1994），它们是碱性湖泊系统丰富的产物。许多学者将滑石-镁皂石应用于沉积环境、储层质量、盆地构造演化等方面的研究，认为滑石-镁皂石可以作为湖相沉积的指相矿物（Tutolo and Tosca，2018），并且滑石-镁皂石的形态特征可以指示沉积环境的水动力强弱（Mercedes-Martín et al.，2016；Tosca and Wright，2015）。滑石-镁皂石的溶解有利于增加孔隙、提高储层质量（Lima and De Ros，2019；Herlinger et al.，2017；Armelenti et al.，2016；Tosca and Wright，2015）。

桑托斯盆地 ITP 组最具特色的滑石-镁皂石鲕粒砂岩（图 2.7）主要由滑石-镁皂石鲕粒碎屑和少量生物碎屑等组成，为亮晶方解石胶结。其中滑石-镁皂石鲕粒核心类型丰富，包含双壳类、介形类生物碎屑及陆源石英碎屑等，而双壳类碎屑作为鲕粒核心占比很高，且大多棱角尖锐，磨圆较差，但陆源石英碎屑核心却显示了较高的磨圆度。滑石-镁皂石鲕粒直径介于 0.5～2.0 mm，大的则超过 4 mm，反映出当时高能动荡的水体环境。滑石-镁皂石鲕粒砂岩可能沉积于富 Ca-Mg、远离湖岸、毗邻双壳类栖息地且搅动强烈的碱性湖泊环境。

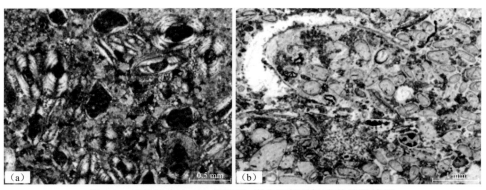

图 2.7　桑托斯盆地 ITP 组滑石-镁皂石鲕粒砂岩的显微特征

（a）滑石-镁皂石鲕粒砂岩，含少量介壳，正交偏光，5 332.9 m，S1 井；（b）滑石-镁皂石鲕粒砂岩，含少量贝壳，单偏光，5 332.9 m，S1 井

2. BV 组主要岩石类型

BV 组主要发育湖相微生物灰岩类型，微生物灰岩是由底栖微生物群落通过捕获与黏结碎屑沉积物或经与微生物活动相关的作用在原地形成的沉积物（Riding，2000，1991）。由于白云石化较强烈，局部也发育少量白云岩。

部分学者已对桑托斯盆地 BV 组湖相微生物灰岩的岩石类型进行了详细的研究，康洪全等（2018）、王颖等（2016）提出微生物灰岩由叠层石和鲕粒灰岩互层组成。而本书中 BV 组微生物灰岩主要发育三种类型，即（含泥/泥质）叠层石微生物灰岩、（含泥）球状微生物灰岩和层纹石微生物灰岩，以叠层石微生物灰岩和球状微生物灰岩为主，不发育鲕粒灰岩，康洪全等（2018c）和王颖等（2016）提及的"鲕粒灰岩"在本书中称为球状微生物灰岩。

1）叠层石微生物灰岩

BV 组叠层石微生物灰岩发育多种方解石集合体类型，方解石集合体有乔木状、树枝状和灌木状形态（图 2.8）。不同类型的叠层石礁代表不同的水体环境（Reid and Browne，1991）。灌木状叠层石礁底部窄，向上逐渐出现分支，似灌木状，说明生长时水体缓慢加深，叠层石随着水深的增加，逐渐向上生长，接受最适宜的水深和光照；树枝状叠层石礁往往比较细小，通常发育在较浅水环境；乔木状叠层石礁通常比较高大，从底部向上生长迅速，快速分支，横向上往往连片呈层状分布，抗浪能力较强，水体深度较大。样品薄片中还可以观察到晶体生长面弯曲的放射轴状纤维方解石产生的波状消光现象，叠层石的上下连续与左右连片生长形成了多孔的生长格架结构，发育优质储层。

图 2.8　桑托斯盆地 BV 组叠层石微生物灰岩的特征（S1 井）

（a）乔木状叠层石微生物灰岩，5 040.00 m，岩心照片；（b）乔木状叠层石微生物灰岩，5 040.00 m，显微照片，正交偏光；（c）灌木状叠层石微生物灰岩，5 126.50 m，显微照片，单偏光；（d）灌木状叠层石微生物灰岩，4 954.50 m，显微照片，正交偏光；（e）灌木状叠层石微生物灰岩，5 028.00 m，显微照片，单偏光；（f）灌木状叠层石微生物灰岩，5 028.00 m，显微照片，正交偏光

2）（含泥）球状微生物灰岩

（含泥）球状微生物灰岩是桑托斯盆地 BV 组除叠层石微生物灰岩外最为发育的石灰岩类型之一，多发育在两套叠层石微生物灰岩之间（图 2.9）。

其中的球粒大小不等（最大可大于 2 mm），多为点接触的颗粒支撑和"漂浮"在灰泥基质中的基质支撑，表明沉积环境水体能量相对较低。在显微镜下并没有观察到典型鲕粒的核心——圈层结构，（含泥）球状微生物灰岩一般由无明显圈层的球粒组成，在显微镜正交偏光下具十字消光特征［图 2.9（d）、（f）、（h）、（i）］，球粒中显著的十字消光的特征表明鲕粒均由放射轴状纤维方解石组成。

这类球状微生物灰岩如若未受到溶蚀作用的改造，则通常难以形成较为优质的储层［图 2.9（a）～（d）、（g）～（h）］。这种球粒的形成环境通常为盐度较高的水体，并且会与一些灌木状叠层石伴生，（含泥）球状微生物灰岩经过成岩改造后可具有一定的储集能力［图 2.9（e）］。

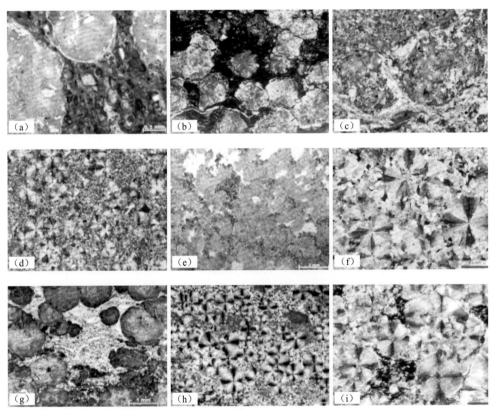

图 2.9　桑托斯盆地 BV 组（含泥）球状微生物灰岩的显微特征（S1 井）

（a）含泥球状微生物灰岩，球粒间含较多滑石-镁皂石，5 160 m，单偏光；（b）含泥球状微生物灰岩，球粒间含较多滑石-镁皂石，5 163.2 m，单偏光；（c）含泥球状微生物灰岩，球粒间含较多滑石-镁皂石，5 175 m，单偏光；（d）含泥球状微生物灰岩，球粒具十字消光，球粒间含较多滑石-镁皂石，5 179.5 m，正交偏光；（e）球状微生物灰岩，球粒间滑石-镁皂石被溶蚀而形成较干净的、含泥较少的球状微生物灰岩，从而具有较好的储集性能，5 217.3 m，单偏光；（f）较干净的球状微生物灰岩，球粒具十字消光，5 028.00 m，正交偏光；（g）含泥球状微生物灰岩，球粒间含较多滑石-镁皂石，4 998.80 m，正交偏光；（h）球状微生物灰岩，球粒具十字消光，4 998.80 m，正交偏光；（i）球状微生物灰岩，球粒具十字消光，4 959.10 m，正交偏光

3）层纹石微生物灰岩

层纹石呈明暗相间的纹层结构，是研究区盐下湖相微生物碳酸盐岩的主要类型之一。根据纹层结构、形态、起伏幅度等因素，将层纹石分为齿状层纹石微生物灰岩 [图 2.10（a）、（b）] 和平滑状层纹石微生物灰岩 [图 2.10（c）、（f）]。微齿状层纹石纹层具有一定的起伏，剖面上呈微小齿状，侧向与球状微生物结构相连。平滑状层纹石起伏幅度较小，纹层呈近水平状，伴生沉积构造较少。

层纹石微生物灰岩在 BV 组发育较少，纹层呈现规则状或不规则状，平行于纹层的裂缝常充填石英 [图 2.10（a）]。层纹石中除叠层构造外，常含有球粒构造 [图 2.10（d）、（e）]。

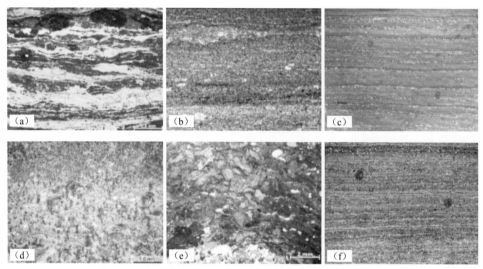

图 2.10　桑托斯盆地 BV 组层纹石微生物灰岩的显微特征

（a）齿状层纹石微生物灰岩，沿纹层发育的微裂缝充填石英，4 939.30 m，S1 井；（b）齿状层纹石微生物灰岩，富含泥质的层纹石，5 025.70 m，S1 井；（c）平滑状层纹石微生物灰岩，5 369 m，S2 井；（d）除叠层构造外，层纹石还含有球粒构造，4 959.10 m，S1 井；（e）除叠层构造外，层纹石还含有球粒构造，4 961.20 m，S1 井；（f）平滑状层纹石微生物灰岩，5 535 m，S2 井

层纹石微生物灰岩发育较少，发育于 S12、S16、S13、S1、S2、S21 井中，常发育于球状微生物灰岩或泥质球状微生物灰岩的下部（图 1.8），少量发育于叠层石微生物灰岩的下部，属于水体能量较低的沉积。

四川盆地中三叠统雷口坡组和震旦系灯影组为典型的海相微生物灰岩沉积（表 2.6）（金民东 等，2019；刘树根 等，2016）。其中，中三叠统雷口坡组形成于江南古陆剧烈上升的构造背景下（秦川，2012），为潮下高能带微生物礁滩相沉积（龙翼 等，2016），发育 12 种沉积微相。震旦系灯影组形成于华南陆块拉张运动形成的"绵阳—长宁拉张槽"（刘树根 等，2013；钟勇 等，2013）、"成都—泸州湖盆"（罗冰 等，2015；杜金虎 等，2014）或"绵竹—长宁克拉通内裂陷"（魏国齐 等，2015）阶段，为微生物丘沉积（徐哲航 等，2018），发育 5 种沉积微相。

表 2.6　桑托斯盆地 BV 组湖相微生物灰岩沉积与四川盆地海相微生物灰岩的沉积特征比较一览表

项目		湖相	海相	
盆地		桑托斯盆地	四川盆地	
层位		巴雷姆阶 BV 组	中三叠统雷口坡组	震旦系灯影组
构造背景		早—中白垩世裂谷稳定拗陷期	江南古陆剧烈上升	华南陆块，拉张运动形成"绵阳—长宁拉张槽"、"成都—泸州湖盆"或"绵竹—长宁克拉通内裂陷"
沉积相	相	微生物礁滩（王颖 等，2017）	潮下高能带微生物礁滩	微生物丘
	亚相	礁核、礁缘、礁基	12 种沉积微相	丘核、丘基、丘坪、丘盖、丘翼
岩石类型		叠层石微生物灰岩、球状微生物灰岩、层纹石微生物灰岩	白云石化凝块石灰岩、白云石化纹层-叠层石灰岩、白云石化核形石灰岩	葡萄石灰岩、核形石灰岩、泡沫绵层石灰岩、包壳颗粒灰岩、叠层石灰岩、凝块石灰岩、球粒石灰岩、枝状石灰岩、层纹石微生物灰岩
微生物类型		未识别出生物痕迹	肾形菌、胶须菌、葛万菌、石囊藻、曲线菌和空腔黏液菌	未识别出具体生物类型
白云石化		弱	强烈	强烈
储集空间		叠层石微生物灰岩：粒间孔、晶间孔；球状微生物灰岩：残余粒间孔、粒溶（扩）孔、粒内溶孔和裂缝	粒内溶孔、凝块间溶孔、微生物体腔孔、针状溶孔、顺纹层溶蚀孔洞、窗格孔	灯二段储集空间以凝块间溶孔、微生物格架孔、葡萄-花边状孔洞和岩溶孔洞为主；灯四段以窗格孔、晶间溶孔和岩溶孔洞为主
主要控制因素		古水体性质、可容纳空间变化	极端古海洋、古气候、古构造和古地理条件控制了微生物灰岩的发育和分布	受海平面升降和古地貌变化的共同影响

　　与海相微生物灰岩相比，桑托斯盆地 BV 组湖相微生物灰岩在构造背景、沉积相（亚相）、岩石类型、微生物类型、白云石化、储集空间、主要控制因素等方面都存在明显差异（表 2.6）。BV 组湖相微生物灰岩相比海相微生物灰岩，岩石类型简单、规模小、成岩改造弱，主要受控于可容纳的空间变化和古水体性质；湖相球状微生物灰岩相比海相球状微生物灰岩，时代较新，规模小、单层薄、横向连续性差，发育在干旱蒸发浅湖高能带，沉积受控于湖平面变化和风暴流。

　　我国新生代湖相碳酸盐岩也较发育，其类型多样，但湖盆面积小，分割强。湖相碳酸盐岩沉积时受陆源碎屑影响大，微生物碳酸盐岩规模小。以柴达木盆地古近纪—新近纪湖相碳酸盐岩为例，盐湖浅水区叠层石发育，主要生长于滨湖砾岩、砂岩之上，厚度为 1～3 m。湖相碳酸盐岩主要为层纹石微生物灰岩、叠层石微生物灰岩、凝块石灰岩（陈子炓 等，2004）（图 2.11）。

图 2.11　柴达木盆地古近纪—新近纪湖相碳酸盐岩特征

（a）藻丘体（层纹石微生物灰岩）空间连续性好，主要赋存于砾岩之上，野外剖面；（b）藻丘体（球状叠层石微生物灰岩）
呈圆球状，野外剖面；（c）亮晶藻砂屑灰岩；（d）叠层石微生物灰岩；（e）叠层石微生物灰岩

4）滑石-镁皂石黏土岩

与 ITP 组发育的滑石-镁皂石鲕粒砂岩明显不同的是，BV 组的滑石-镁皂石除了广泛分布于球状微生物灰岩的球粒之间，还可以富集成黏土岩（图 2.12）。

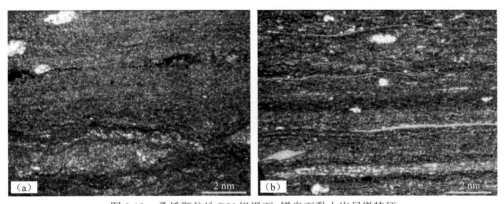

图 2.12　桑托斯盆地 BV 组滑石-镁皂石黏土岩显微特征

（a）滑石-镁皂石黏土岩白云石化强烈，5 643 m，S5 井；（b）滑石-镁皂石黏土岩白云石化强烈，5 645.5 m，S5 井

层状滑石-镁皂石黏土岩可能沉积于低能环境，而 ITP 组颗粒状的滑石-镁皂石鲕粒砂岩可能是在波浪或水流的搅动作用下形成的，可能沉积于中能条件。BV 组滑石-镁皂石（Abrahao and Warme，1990）可能是富镁湖水的主要沉淀物，河流流入火山地区的湖泊，再加上气候变暖时春季急流，可提供一切有利条件，包括高 CO_2 输入和碳酸盐碱度、高溶解的 SiO_2 和 Mg、Ca，以及较低浓度的 Na 和 Fe（Tosca and Wright，2015）。

2.2 沉积相类型划分及特征

2.2.1 沉积相标志

沉积相标志可简单地概括为最能反映沉积环境及沉积相的一系列具有指示意义的标志。不同的沉积相可能具有近似的某些相标志特征，所以在沉积相的识别中，往往不是依靠单独的相标志来识别的，为了增加沉积相识别的准确性，通常沉积相要综合多个相标志的配置组合来进行判别。桑托斯盆地盐下湖相碳酸盐岩的相标志主要包括测井相标志和岩石学标志等。

1. 测井相标志

测井相是表征地层测井响应的总和，即一组测井响应特征集，测井相包括电、核、声、倾角测井等响应特征。地层沉积相的研究需要利用各测井响应的定性特征和定量参数来描述。研究区盐下湖相碳酸盐岩中共识别出 4 种测井相：①高自然伽马值，曲线多呈尖指状，常见于滨湖、浅湖及半深湖-深湖亚相的砂坪、浅湖泥等微相中；②中-高自然伽马值，曲线多呈齿化漏斗形-钟形-箱形，常见于微生物礁及浅滩亚相的礁基滩、礁间、内碎屑滩、滩间等微相中；③中-低自然伽马值，曲线多呈漏斗形-钟形，常见于微生物礁及浅滩亚相的礁缘、介壳滩缘等微相中；④低自然伽马值，曲线多呈箱形，常见于微生物礁及浅滩亚相的礁核和介壳滩微相中（图 2.13）。

2. 岩石学标志

综合分析岩心、井壁取心和薄片资料，桑托斯盆地 BV 组及 ITP 组盐下湖相碳酸盐岩岩性以叠层石微生物灰岩、球状微生物灰岩及介壳灰岩为主。BV 组及 ITP 组各类岩石岩相特征如下。

1）粉砂岩、泥质粉砂岩

粉砂岩和泥质粉砂岩分布于 ITP 组中，含滑石-镁皂石、双壳类和介形虫壳碎片，自然伽马曲线呈尖指状，GR 值为 30~130 API，沉积环境水动力较弱，水深为 10~20 m，是滨湖亚相砂坪微相的典型岩性特征（图 2.14）。

2）叠层石微生物灰岩

叠层石微生物灰岩成簇状广泛分布于 BV 组中，部分可见油浸或油斑，自然伽马曲线多呈箱形，GR 值为 10~55 API，沉积环境水动力较强，水深为 5~15 m，位于斜坡中段-上段，是微生物礁亚相礁核微相的典型岩性特征（图 2.15）。

沉积相	亚相	微相	岩性	典型GR曲线/API	典型DT曲线/(μs/m)	典型NPHI曲线/%	典型AT曲线/(Ω·m)	宏观特征	微观特征	沉积环境	典型层位
湖相	滨湖	砂坪	粉砂岩、泥质粉砂岩	0 150; 30~130	130 30; 60~80	0 0.4; 0.05~0.25	3 3 000; 1~55	1-SPS-50	1-SPS-50	水体能量较弱，水深10~20 m	ITP组
	微生物礁	礁缘	含泥球状/含泥叠层石/层纹石微生物灰岩	0 150; 42~76			3 3 000; 0~100	628A	677A	水体能量较弱，水深10~15 m	BV组
		礁核	叠层石微生物灰岩	0 150; 10~55	130 30; 60~80	0 0.4; 0.02~0.33	3 3 000; 45~2 000	628A	628A	水体能力较强，水深5~15 m	BV组
		礁基滩	球状微生物灰岩	0 150; 13~70			−100 1 000; −70~83	2-ANP-2A	628A	水体能量中等–较弱，水深5~20 m	BV组
		礁间	泥晶灰岩、含黏土球状微生物灰岩	0 150; 15~55	130 30; 40~70	45 −15; −1~20	−100 1 000; 10~20	1-RJS-656	1-RJS-656	水体能量弱，水深10~20 m	BV组
	浅滩	介壳滩	介壳灰岩	0 150; 10~60	130 30; 50~70	0 0.4; 0.02~0.25	3 3 000; 100~1 950	2-ANP-2A	2-ANP-2A	水体能量强，水深5~10 m	ITP组
		滩缘	介壳粒泥灰岩、介壳泥晶灰岩	0 150; 10~78	130 30; 50-70	45 −15; 0~12	3 3 000; 55~2 000	4-RJS-647	1-SPS-50	水体能量较弱，水深10~15 m	ITP组
		内碎屑滩	砾屑灰岩、砂屑灰岩	0 150; 10~80			3 3 000; 9~410	628A	677A	水体能量较强，水深5~15 m	ITP组
		滩间	含介壳泥灰岩/泥岩、泥晶灰岩	0 150; 20~116	130 30; 50~80	0 0.4; 0~0.4	3 3 000; 0~1 800	Nw1 3-RJS-731-RJ	628A	水体能量中等，水深5~15 m	ITP组
	浅湖	浅湖泥	泥灰岩、泥质灰岩、泥岩	0 150; 53~105	130 30; 50~80	45 −15; 0~15	3 3 000; 30~2 000	4-SPS-66C	628A	水体安静，水深大于30 m	ITP组
	半深湖–深湖	半深湖–深湖	页岩	0 150; 100~184	130 30; 50~100	45 −15; 5~17	3 3 000; 130~1 950	4-RJS-647	628A	水体安静，水深大于30 m	ITP组

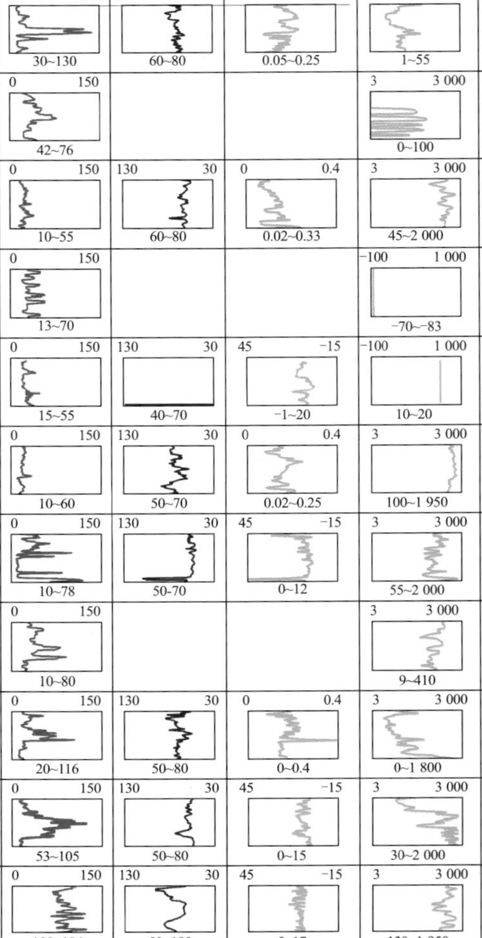
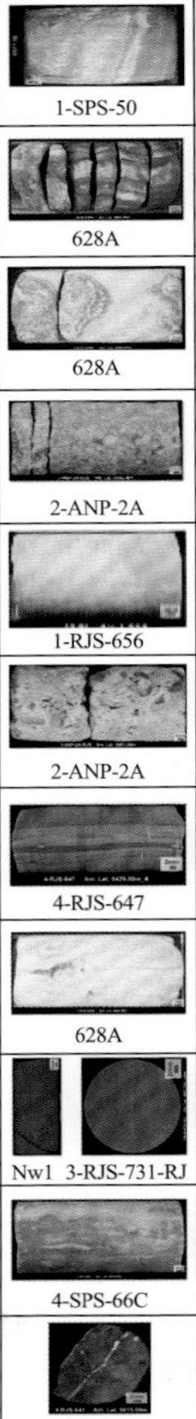
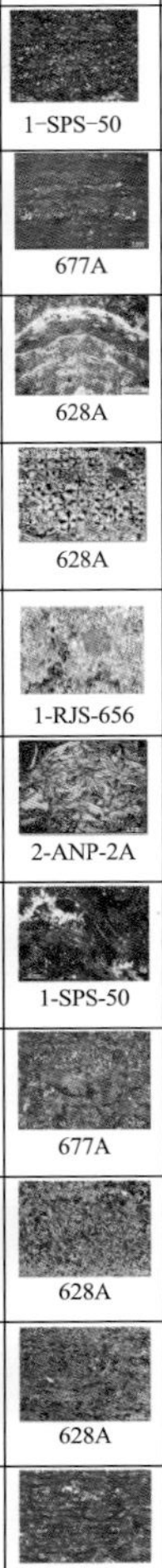

图 2.13　桑托斯盆地盐下湖相碳酸盐岩测井相标志图

NPHI为补偿中子；AT为阵列感应电阻率

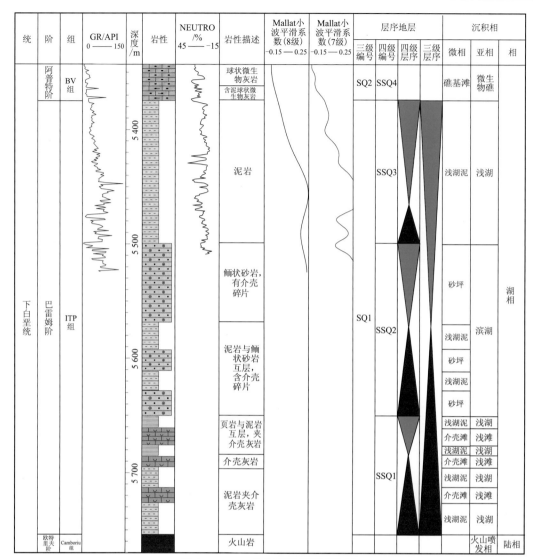

图 2.14　S21 井砂坪微相岩石特征

NEUTRO 为中子测井

3）球状微生物灰岩

球状微生物灰岩广泛分布于 BV 组中，球晶多呈放射状，自然伽马曲线多呈齿化漏斗形-钟形-箱形，GR 值为 13～70 API，沉积环境水动力中等-较弱，水深为 5～20 m，是微生物礁亚相礁基滩微相的典型岩性特征（图 1.8）。

4）层纹石微生物灰岩、含泥叠层石微生物灰岩、含泥球状微生物灰岩

层纹石微生物灰岩分布于 BV 组中，由交替的亮色和暗色碳酸盐岩带组成，一般呈波浪状或锯齿状，具有不同程度的白云石化和硅化作用；含泥叠层石微生物灰岩和含泥球状微生物灰岩广泛分布于 BV 组中，相较于叠层石微生物灰岩和球状微生物灰岩而言，

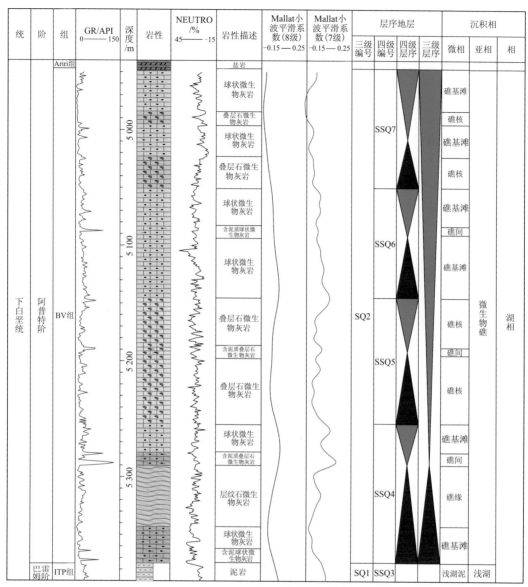

图 2.15　S21 井礁核微相岩石特征

泥质含量高。层纹微生物石灰岩、含泥叠层石微生物灰岩和含泥球状微生物灰岩的沉积环境水动力较弱，水深为 10~15 m，自然伽马曲线常呈漏斗形-钟形，GR 值为 42~76 API，是微生物礁亚相礁缘微相的典型岩性特征（图 1.8）。

5）泥晶灰岩

泥晶灰岩在部分井区的 BV 组中为厚层发育，自然伽马曲线多呈齿化漏斗形-钟形-箱形，沉积环境水动力弱，水深为 10~20 m，是微生物礁亚相礁间微相的典型岩性特征。

6）介壳灰岩

介壳灰岩广泛发育于 ITP 组中，孔洞十分发育。其自然伽马曲线呈箱形，GR 值为

10～60 API，沉积环境水动力强，位于斜坡中段，水深为 5～10 m，是浅滩亚相介壳滩微相的典型岩性特征（图 2.16）。

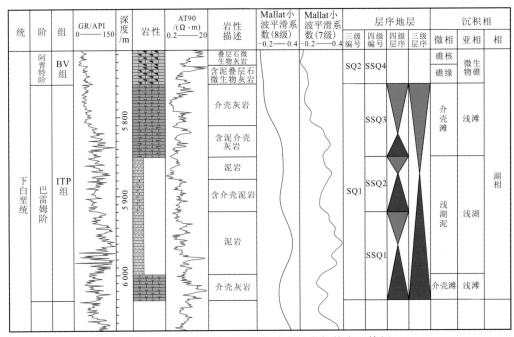

图 2.16　S2 井介壳滩微相和浅湖泥微相的岩石特征

7）（含泥）介壳灰岩

（含泥）介壳灰岩发育于 ITP 组中，微生物主要为双壳类硬质壳体，含少量介形类和腹足类壳体，为基质支撑。自然伽马曲线常呈漏斗形-钟形，GR 值为 10～78 API，沉积环境水动力较弱，位于斜坡上段及中下段，是浅滩亚相滩缘微相的典型岩性特征。

8）砾屑灰岩、砂屑灰岩

砾屑灰岩和砂屑灰岩发育于 ITP 组中，含有生物碎屑，沉积环境水动力较强，水深为 5～15 m，自然伽马曲线呈齿化箱形，GR 值为 10～80 API，是浅滩亚相内碎屑滩微相的典型岩性特征。

9）含介壳泥灰岩、含介壳泥岩

含介壳泥灰岩、含介壳泥岩发育于 ITP 组中，含有少量生物碎屑，沉积环境水动力中等，水深为 5～15 m，自然伽马曲线呈齿化漏斗形-钟形和尖指状，GR 值为 20～116 API，是浅滩亚相滩间微相的典型岩性特征。

10）泥岩

泥岩广泛发育于 ITP 组中，自然伽马曲线呈尖指状，GR 值为 53～105 API，沉积环境水体安静，水深大于 20 m，是浅湖亚相浅湖泥微相的典型岩性特征（图 2.16）。

11）页岩

页岩发育于 ITP 组中，自然伽马曲线呈尖指状，GR 值为 100～184 API，沉积环境水体安静，水深大于 30 m，是半深湖-深湖亚相的典型岩性特征。

2.2.2　沉积相类型划分方案

关于桑托斯盆地盐下湖相碳酸盐岩的沉积相划分已有较多学者进行了研究。张德民等（2018）在 BV 组常规岩心、井壁取心、薄片、测井、三维地震等资料的基础上，将沉积微相与古季风研究结合，划分出微生物丘微相组合、背风坡丘后微相组合、迎风坡丘前微相组合及颗粒滩微相组合 4 种典型的微相组合类型。王颖等（2017）认为桑托斯盆地主要发育以叠层石微生物灰岩为代表的微生物礁相和以鲕粒灰岩为代表的微生物滩相沉积类型。康洪全等（2016）认为 BV 组主要发育微生物礁亚相沉积，进一步划分出礁核、礁缘、浅湖泥等微相；ITP 组为生屑滩亚相沉积，可进一步划分出介壳滩、滩缘、浅湖泥等微相。ITP 组生屑滩亚相和 BV 组微生物礁亚相沉积的观点受到大家的认可。

本小节根据单井岩石学特征、测井和地震资料分析，对桑托斯盆地 ITP 组—BV 组沉积相类型进行划分，盐下湖相碳酸盐岩储层为湖相沉积。其中，ITP 组主要发育浅滩、滨湖、浅湖和半深湖-深湖 4 种亚相，进一步可以划分出介壳滩、滩缘、内碎屑滩、滩间、砂坪、浅湖泥、半深湖-深湖泥等微相类型。而 BV 组主要发育微生物礁亚相沉积，并进一步划分出 4 种微相。各微相相应的岩石组合如图 2.17、图 2.18 和表 2.7 所示。

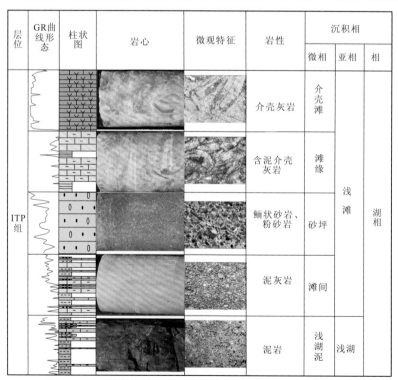

图 2.17　桑托斯盆地 ITP 组盐下湖相碳酸盐岩储层沉积类型

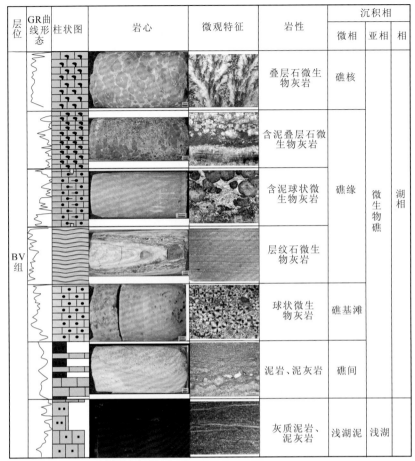

图 2.18 桑托斯盆地 BV 组盐下湖相碳酸盐岩储层沉积类型

表 2.7 桑托斯盆地 ITP 组—BV 组沉积相划分方案（以录井岩性为主要依据）

沉积相	沉积亚相	沉积微相	岩石组合	层位
湖相	微生物礁	礁缘	含泥球状微生物灰岩、泥质球状微生物灰岩、含泥叠层石微生物灰岩、泥质叠层石微生物灰岩	BV 组
			层纹石微生物灰岩	
		礁核	叠层石微生物灰岩	
		礁基滩	球状微生物灰岩	
		礁间	泥晶灰岩、泥质球状微生物灰岩、含球粒泥灰岩、泥岩、泥灰岩	
	浅湖	浅湖泥	灰质泥岩、泥灰岩	
	浅滩	介壳滩	介壳灰岩	ITP 组
		滩缘	介壳泥晶灰岩	
			泥晶介壳灰岩、（含泥）介壳灰岩	

续表

沉积相	沉积亚相	沉积微相	岩石组合		层位
湖相	浅滩	内碎屑滩	砾屑灰岩、砂屑灰岩		ITP 组
		滩间	含介壳泥灰岩		
			含介壳泥岩		
			泥灰岩		
	滨湖	砂坪	鲕状砂岩、粉砂岩、泥质粉砂岩		
		混合坪	含粉砂泥灰岩		
		泥灰坪	泥岩		
	浅湖	浅湖泥	泥灰岩、泥质灰岩、泥岩		
	半深湖-深湖	半深湖-深湖泥	页岩		

2.2.3　沉积相特征

1. 微生物礁亚相

微生物礁亚相为 BV 组的主要沉积亚相，礁核微相为微生物礁亚相的主体（图 2.19），多发育于古隆起顶部，主要岩性为叠层石微生物灰岩，局部与球状微生物灰岩互层。叠层石微生物灰岩易发育垂直裂缝，是微生物礁亚相的重要储层。

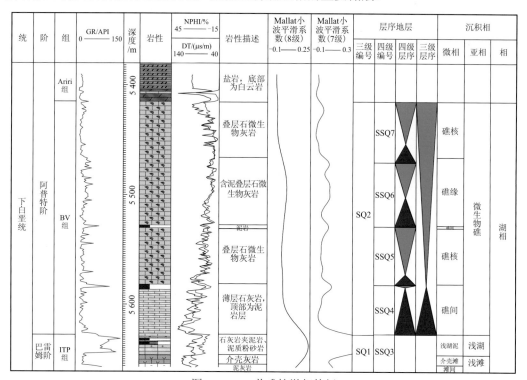

图 2.19　S7 井礁核微相特征

礁缘微相发育于古隆起斜坡部位，由于水体相对变深，环境的改变使叠层石微生物灰岩泥质含量增加，且层纹石微生物灰岩更为发育，微相由礁核转变为礁缘。

礁基滩微相主要发育球状微生物灰岩（图 2.20），其形成所需的水体不深且盐度较高，水体深度介于叠层石微生物灰岩和层纹石微生物灰岩之间，多形成于高能环境，在湖浪等水流作用下，最终形成现今球状微生物结构，大部分为颗粒支撑。

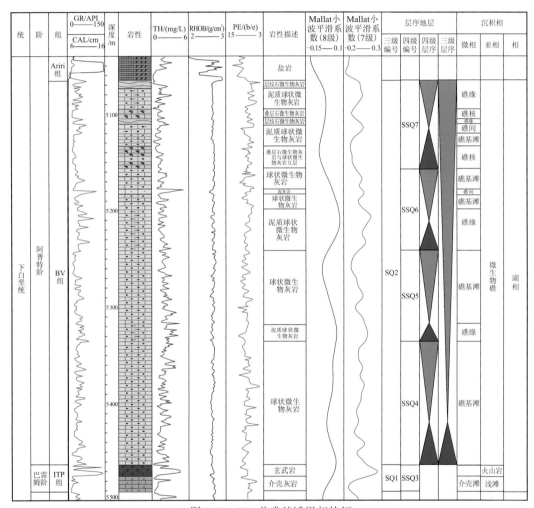

图 2.20　S10 井礁基滩微相特征
CAL 为井径；TH 为 TH 谱测；PE 为光电指数

礁间微相主要发育泥晶灰岩、泥质球状微生物灰岩，灰泥含量增多，多为基质支撑，水体环境比礁缘微相更深，指示了礁间洼地等较深水环境。

2. 浅滩亚相

浅滩亚相是 ITP 组的主要沉积亚相，可进一步划分为 4 种微相。

介壳滩微相是浅滩亚相的主体（图 2.16），主要为介壳灰岩，以双壳类壳体为主，孔洞发育，形成于水动力较强的环境中，常与泥灰岩等互层状产出，通常厚度较大。介壳滩微相主要发育在低水位期，主要分布在湖盆浅水缓坡区，呈多期介壳滩前积叠置发育，是 ITP 组的主要储层相带。

滩缘微相相对介壳滩微相水体略深，泥质含量增加，通常为（含泥）介壳灰岩和介壳泥晶灰岩，含有大量生物碎屑。

内碎屑滩微相主要为砾屑灰岩和砂屑灰岩，形成于水动力较强的环境中，在浅滩亚相较少发育。

滩间微相主要为含介壳泥灰岩和泥灰岩等，指示了浅滩亚相中的较深水环境。

3. 滨湖亚相

滨湖亚相中发育砂坪等微相，多为粉砂岩和泥质粉砂岩，发育于 ITP 组中，含少量生物碎屑，与泥岩、介壳灰岩等互层发育。

4. 浅湖亚相

浅湖亚相中发育浅湖泥微相，发育于较深水、能量较低的环境中，在 BV 组和 ITP 组中都有发育。

5. 半深湖-深湖亚相

半深湖-深湖亚相发育深色页岩，沉积水体安静，发育于 ITP 组中。

2.3　重点区沉积相分布差异

2.3.1　沉积模式

湖相碳酸盐岩受控因素较多，沉积模式较为复杂，比较有代表性的方案是根据盆地性质、湖盆发育阶段、水体咸度、湖盆地貌及位置等提出断陷咸水湖盆边缘碳酸盐岩、内源和外源混合沉积型、藻滩型、浅水蒸发台地型、断陷咸水湖盆边缘台地型、断陷咸水湖盆中央台地型、拗陷淡水湖盆边缘缓坡型碳酸盐岩沉积模式等（赵澄林，2001；管守锐 等，1985）；按水文条件、水动力条件和湖盆地貌等提出开口湖盆边缘低能台地型、开口湖盆边缘高能台地型、开口湖盆边缘低能缓坡型、开口湖盆边缘高能缓坡型和水文封闭湖盆型碳酸盐岩沉积模式等（Dorobek，2008；Platt and Wright，1991）。参考前人研究成果，本小节依据桑托斯盆地盐下介壳灰岩和微生物灰岩储层的具体特征，提出"断陷湖盆缓坡介壳灰岩沉积模式"（图 2.21）和"断陷湖盆坡折微生物灰岩沉积模式"（图 2.22）。

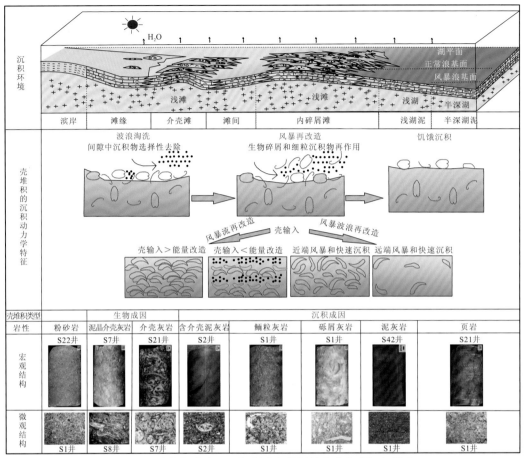

图 2.21　桑托斯盆地 ITP 组断陷湖盆缓坡介壳灰岩沉积模式

　　桑托斯盆地整体上呈"三拗夹两隆"的构造格局。由于西部隆起带的遮挡，西部入湖带来的陆源碎屑绝大部分沉积在西部拗陷带内，中央拗陷带水体加深进一步使湖水得到净化，使东部隆起带成为湖相礁、滩相碳酸盐岩沉积的有利区域。

　　ITP 组沉积期间，隆起边缘断裂坡折带控制了浅水、动荡、簸选作用强烈的滨湖沉积环境，古地貌高地顶部及其周缘缓坡位置有利于介壳滩微相介壳灰岩的发育；在古地貌高地周缘陡坡及洼陷位置，水动力条件相对较弱，可容纳空间有限，以泥灰岩、泥页岩、砂泥岩互层等滩间相带或半深湖亚相沉积为主。

　　BV 组沉积期间，微生物灰岩发育于高碱性（pH>9）湖泊，ITP 组滩相建隆、基底间歇性隆起和基底持续性隆起高部位为微生物礁滩相组合。此处高能、干净的浅湖环境导致了双壳类、菌藻等生物的聚集和繁盛，发育具有抗浪格架的微生物礁亚相石灰岩。丘间被低能丘间洼地分割，相对而言，各隆起迎风坡丘前水体能量更高，微生物礁最为繁盛。由于湖平面震荡频繁，在垂向上具有明显的周期性，湖盆内部断裂持续拉张，湖盆较深，总体表现为湖平面相对下降，有效可容纳空间增幅减缓，地震反射明显。后期湖盆逐渐萎缩，填平补齐（图 2.22）。

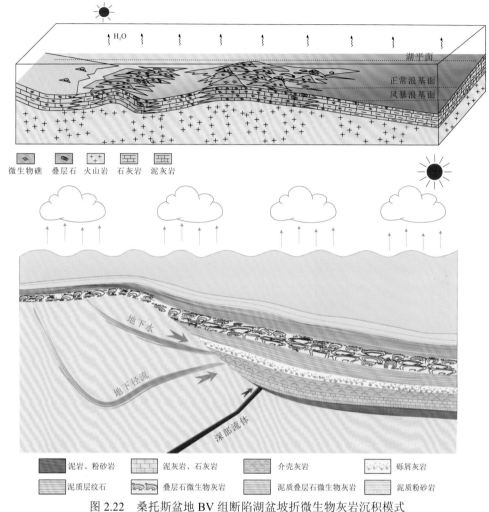

图 2.22　桑托斯盆地 BV 组断陷湖盆坡折微生物灰岩沉积模式

2.3.2　时空演化分布规律

1. 不同区块层序-礁滩发育差异

不同区块，盐下湖相碳酸盐岩的礁滩规模和厚度发育程度不同，A 区块及 B 区块礁滩发育程度明显高于 C 区块（图 2.23～图 2.26），具体表现为以下两方面。

（1）对于 ITP 组介壳滩，B 区块、A 区块介壳滩极为发育，C 区块 TUPI 高地缺失，介壳滩在浅缓坡发育，陡坡发育程度较缓坡明显降低，缓坡向湖盆方向介壳滩发育程度逐渐降低，由深缓坡向浅缓坡 SSQ1、SSQ2、SSQ3 层序逐层上超。

（2）对于 BV 组微生物礁，微生物礁在 A 区块极为发育，其次为 B 区块，C 区块微生物礁与礁基滩互层特点更为明显。C 区块大部分区域及 A 区块 SSQ4～SSQ7 层序发育完整，SSQ4、SSQ5、SSQ6 层序在 TUPI 高地由斜坡向高地过渡区域逐层上超，B 区块多数区域缺失 SSQ4 层序和 SSQ5 层序。

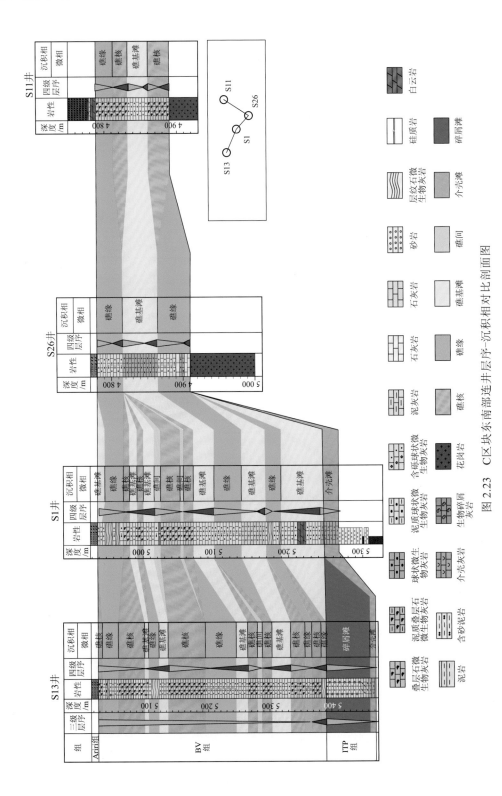

图 2.23　C区块东南部连井层序-沉积相对比剖面图

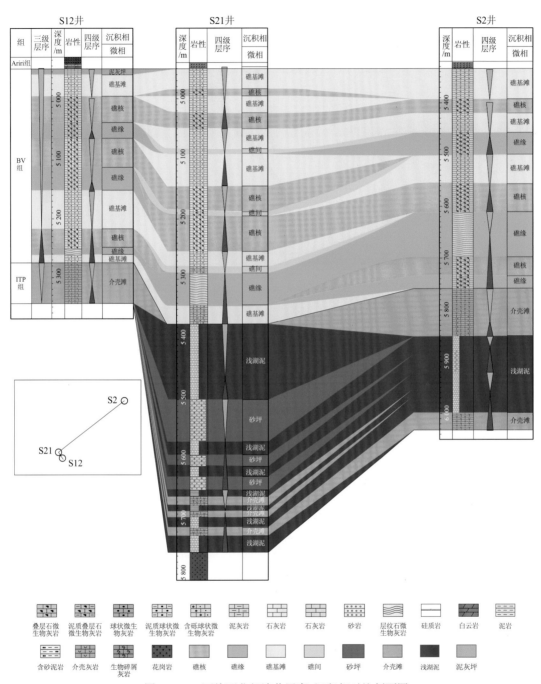

图 2.24　C 区块西北部连井层序-沉积相对比剖面图

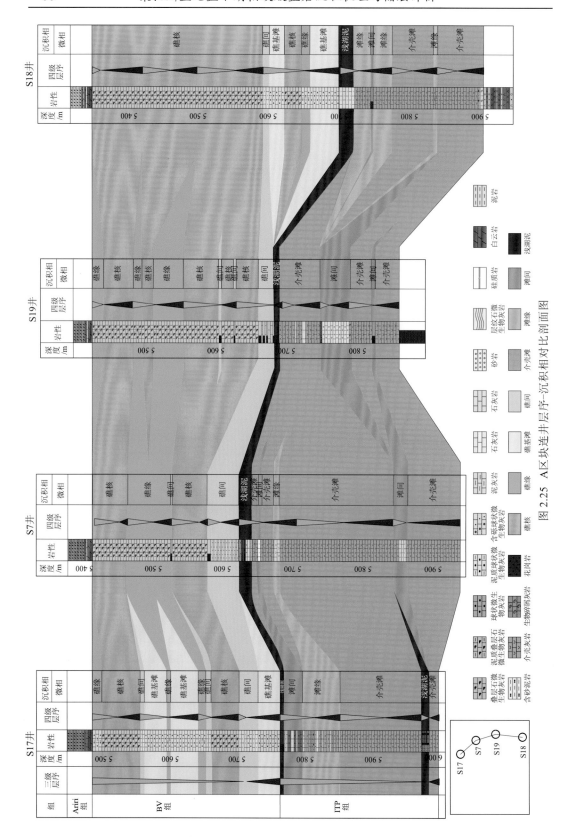

图 2.25 A区块连井层序-沉积相对比剖面图

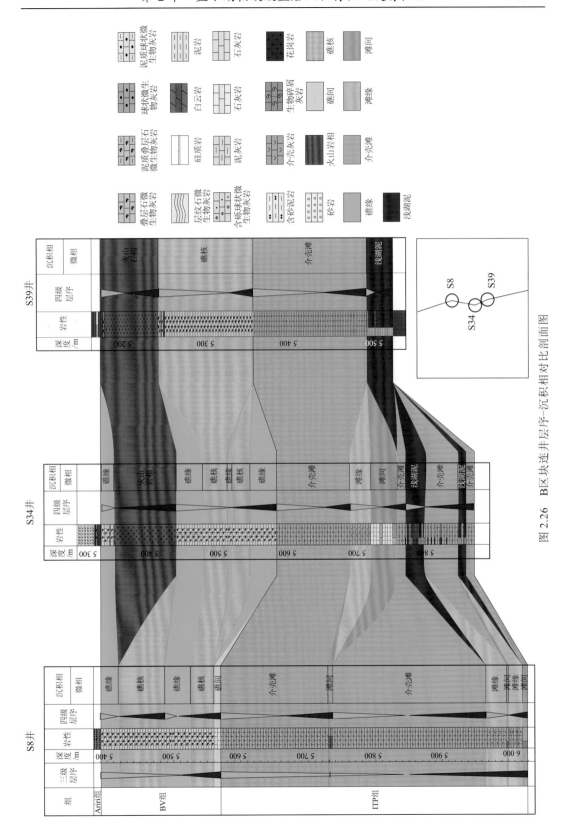

图 2.26　B区块连井层序−沉积相对比剖面图

A 区块及 B 区块礁滩发育程度明显高于 C 区块，与 C 区块东部发育南西-北东向展布的 TUPI 高地有关；B 区块纵向上 BV 组 SSQ4 层序和 SSQ5 层序缺失，与该区域 ITP 组沉积后整体隆升、处于剥蚀状态或沉积过路不留有关。

2. 不同层序-礁滩发育特征

ITP 组 SSQ1～SSQ3 层序中，A 区块的西北部介壳滩介壳灰岩相比南部厚度较大（图 2.25）。C 区块自北西向南东层序厚度整体上呈现变薄的趋势，南部 TUPI 高地 SSQ1～SSQ3 层序缺失（图 2.23）。B 区块自北西向南东介壳滩发育程度降低，由厚层介壳滩向以介壳滩与浅湖泥互层、浅湖泥为主的沉积过渡（图 2.26）。总体上看，纵向上晚期层序滩相发育程度较早期层序更高。

BV 组 SSQ4～SSQ7 层序中，A 区块西北部地区 SSQ5～SSQ7 层序，主要发育以礁基滩和礁核微相沉积为主的球状微生物灰岩和叠层石微生物灰岩，南部地区主要发育以礁核和礁缘微相为主的叠层石微生物灰岩。C 区块自南东向北西层序厚度整体上变薄（图 2.24），南部 TUPI 高地 SSQ4、SSQ5 层序发育不完整，SSQ5、SSQ6、SSQ7 层序在 TUPI 高地逐层上超，顶部 SSQ7 层序沉积厚度最薄（如 S15 井），叠层石微生物灰岩及球状微生物灰岩主要发育在 SSQ5～SSQ6 层序中。B 区块层序发育不全，缺失 SSQ4 和 SSQ5 层序，在 SSQ6、SSQ7 层序中，西部地区发育叠层石微生物灰岩和泥质叠层石微生物灰岩，而东南部地区叠层石微生物灰岩明显减少，侵入岩大量侵入地层（图 2.26）。

在纵向上，BV 组有利的微生物礁亚相叠层石微生物灰岩及球状微生物灰岩主要发育在 SSQ5～SSQ6 层序中，C 区块 SSQ6 层序微生物礁滩相对较为发育，SSQ4 和 SSQ7 层序含较多泥质。在四级层序内部高位体系域微生物礁滩较湖侵体系域发育。ITP 组在 A 及 B 区块，晚期层序介壳滩微相对较发育；C 区块纵向差异大，有利的介壳滩微相储层主要发育于 SSQ1 上升半旋回所代表的第一期介壳滩和 SSQ3 下降半旋回的第三期介壳滩，以第三期介壳滩最为发育（图 2.23～图 2.26）。

2.4 沉积主控因素及发育机理

2.4.1 沉积主控因素

湖水的物理性质、动力学特征、化学成分和沉积物产率及出流湖和闭塞湖的沉积样式均不同于海相沉积环境。湖相沉积环境局限，湖相碳酸盐岩沉积的控制因素较多，传统的湖相碳酸盐岩受古地形、构造背景、古气候、古水深、古水动力条件、古水介质性质、古物源等因素控制（王延章 等，2013；孙钰 等，2008a，2008b；姜在兴 等，2002）。其中：古物源是基础，提供化学物质；古地形和古气候是条件；古水深是关键；

古盐度是保障。古气候和古地形影响古盐度和古水深，从而控制化学岩的结晶和沉积（王延章 等，2013）。

桑托斯盆地白垩纪盐下湖相碳酸盐岩也受以上因素影响。王颖等（2017）认为古环境、水体深度和藻类黏结作用控制了桑托斯盆地湖相碳酸盐岩微生物礁滩的形成。但本书中 BV 组一个明显的特征是找不出明显的藻类活动的痕迹，虽然 BV 组是微生物礁亚相沉积，但藻类黏结作用可能不是桑托斯盆地盐下湖相碳酸盐沉积的主要控制因素之一。本书通过古构造、古地貌、古气候、水体性质、层序地层等综合分析及地震、钻井、岩心资料研究，认为桑托斯盆地盐下湖相碳酸盐岩浅滩及微生物礁的形成主要受控于古水深、古水体性质、独特的古地貌等因素。

1. 古水深

水深和水动力条件是控制湖相（礁相、滩相）碳酸盐岩形成的关键因素（Jiang et al.，2011），水深较小、水动力较强的滨浅湖地带，湖浪及其伴生的沿岸流强烈地冲刷、改造湖岸和沉积物（邓宏文 等，2008b），有利于滩相的形成。

石灰岩的有效古水深为 7.7～31 m，最大产率峰值对应的古水深为 20 m。古水深较浅处（20 m 左右），石灰岩的产率相对较高，以石灰岩分布为主（王延章 等，2013）。古水深小于 10 m 的浅水环境非常有利于碎屑岩滩坝的形成（苏新 等，2012；Jiang et al.，2011），而 3～32 m 的古水深有利于滩相碳酸盐岩沉积。古水体过浅，碳酸盐岩保存的可容纳空间较小，形成的碳酸盐岩不利于保存；古水体过深，湖水的蒸发作用较弱，碳酸盐岩产率明显下降（宋国奇 等，2012；王延章，2011）。

BV 组叠层石礁厚度可达 419 m（S40 井，全部为叠层石微生物灰岩），储层主要包括层纹石微生物灰岩、叠层石微生物灰岩和球状微生物灰岩三种岩性。如此巨厚的碳酸盐沉积表明此时期为最有利石灰岩沉积的古水深，因此推测 BV 组微生物礁亚相沉积主要发育在 20～25 m 的浅水内（表 2.8）。

表 2.8　BV 组和 ITP 组生物灰岩可能发育古水深

岩石类型	显微照片	可能发育位置	可能发育古水深/m	参考文献
层纹石微生物灰岩		水动力条件较强且变化较大的最大湖泛面与浪基面之间	10～20	马雨轩 等，2019；范正秀，2018；肖传桃 等，2018；常玉光 等，2013；曹瑞骥和袁训来，2006；周丽清 等，1989
叠层石微生物灰岩		可能生长在水体较浅且水动力强度中等的浪基面与风暴浪基面之间	15～25（最有利碳酸盐岩沉积的水深）	马雨轩 等，2019；范正秀，2018；常玉光 等，2013；党皓文 等，2009，周丽清和邵德艳，1994

岩石类型	岩石照片	可能发育位置	可能发育古水深/m	参考文献
球状微生物灰岩		浪基面与风暴浪基面之间	20～25	马雨轩 等，2019
介壳灰岩		最大湖泛面与风暴浪基面之间	3～32	王延章 等，2013；宋国奇 等，2012

层纹石微生物灰岩在研究区发育最少，厚度也较薄；层纹石微生物灰岩和球状微生物灰岩往往都富含滑石-镁皂石；叠层石微生物灰岩大部分都较干净，含滑石-镁皂石最少。因此推测，层纹石微生物灰岩可能发育于相对于潮上带环境的古水深范围内，古水体最浅，可能为 10～20 m；叠层石微生物灰岩可能生长在水动力强度中等的潮间带及潮下带古水深范围内，可能古水深范围为 15～25 m。而球状微生物灰岩可能发育于潮下带至潮间带下部沉积环境的古水深范围内，古水体最深，可能为 20～25 m。

2. 古水体性质

碳酸盐岩沉积与水体性质尤其是古盐度极为相关（宋国奇 等，2012；黄杏珍 等，2001）。ITP 组富含介壳生屑，而介壳生屑通常发育于淡水-微咸水的环境中；双壳类在 pH 高于 8 时不能有效存活。并且无论在 ITP 组还是 BV 组，都普遍发育滑石-镁皂石，但赋存状态明显不同。

BV 组丰富的方解石和镁硅酸盐、非典型的蒸发矿物如氯化物和硫酸盐及滑石-镁皂石自身的特征支持了该地区滑石-镁皂石形成于湖相环境的观点，详细内容已在 2.1.2 小节中论述。

ITP 组呈鲕粒状的滑石-镁皂石可能是在波浪或水流搅动的环境中经过搬运再沉积而成的（Herlinger et al.，2017；Armelenti et al.，2016）。正如 Goldberg 等（2017）提出随着坎普斯盆地地堑的发育及断裂构造活动的集中，造成了滑石-镁皂石碎屑和生物碎屑在更深、有断层的裂谷内混合、再沉积。

因此，可以推断出：ITP 组为淡水-微咸水水体性质，沉积了一套以淡水介壳灰岩为代表的介壳滩微相沉积；而 BV 组水体性质发生了明显的变化（图 2.27），为一种高盐、高碱（pH 高于 9）、高 Ca、高 Mg、高 Mg/Ca、高 Si 和 Mg 活性及低 CO_2 分压的蒸发盐湖环境，形成了一套巨厚的以微生物礁为代表的盐湖沉积。

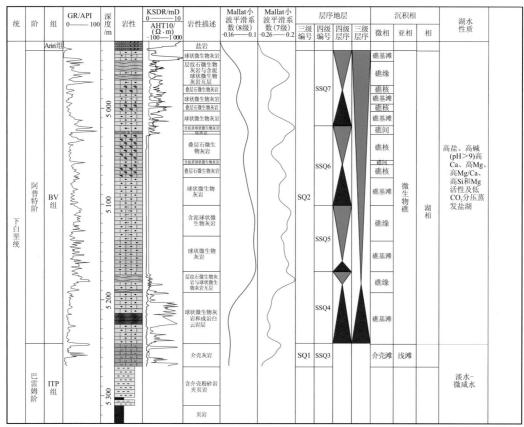

图 2.27　桑托斯盆地 ITP 组和 BV 组水体性质变化特征（S1 井）

3. 古地貌

通过对桑托斯盆地 30 余口钻井层序精细对比、钻井沉积相精细划分、过井地震剖面精细解释、优选各区块位于不同古地貌的典型钻井，编制连井剖面，发现古地貌对湖相灰岩，尤其是微生物礁及介壳滩等优势储集相带展布具有明显控制作用。

从 C 区块 S13 井～S15 井连井古地貌及层序-沉积相对比图（图 2.28）可以看出，ITP 组介壳滩在 C 区块北部缓坡普遍发育，在 TUPI 高地北部的 S23 井 SSQ1、SSQ3 层序均发育厚层介壳滩。中部 SSQ2 层序位于最大湖泛期，介壳滩相对不发育，总体体现了"缓坡聚滩"特征。BV 组生物礁发育明显与古地貌有关，位于 TUPI 高地北部坡折的 S11 井及位于凸起的 S1 井、S13 井均发育微生物礁，而位于 TUPI 高地顶部的 S15 井发育灰坪，洼地的 S23 井以礁间为主，凸起之间缓坡带的 S10 井主要以礁基滩及礁缘为主，夹薄层礁核，总体体现了"凸起及坡折控礁"的特征。

在上述分析基础上，制作了 C、A 和 B 三个区块典型钻井礁滩与古地貌对比图，各井的厚度与实际一致。

从 C—A—B 区块典型井连井古地貌及 ITP 组介壳滩分布图（图 2.29）可以看出，A、B 区块 ITP 组厚度为 200 m 左右，而 C 区块钻井揭示的介壳滩厚度一般在 100 m 以内，当

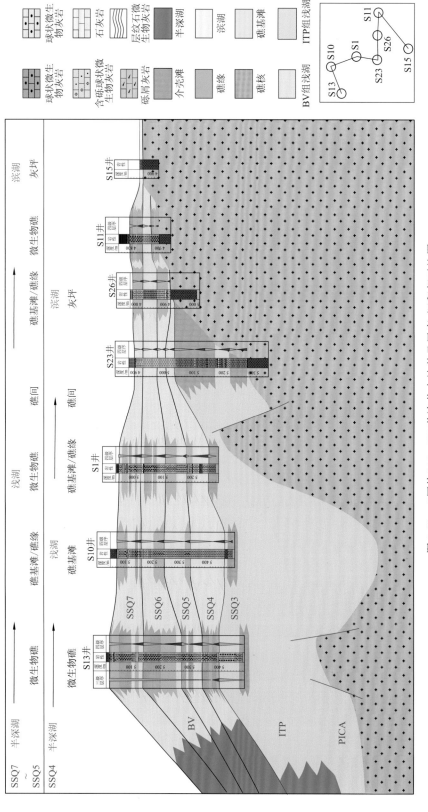

图 2.28　C区块S13—S15井连井古地貌及层序-沉积相对比图

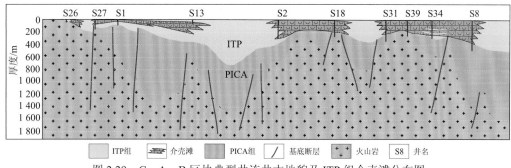

图 2.29　C—A—B 区块典型井连井古地貌及 ITP 组介壳滩分布图

然，可能与揭穿 ITP 组的钻井较少有关。介壳滩发育与古地貌明显相关，凸起顶部及坡折、缓坡与介壳滩发育明显相关，凸起边缘坡折的介壳滩最为发育；洼陷及高能洼地介壳滩发育程度降低。由此明确了 ITP 组介壳滩的主控因素：缓坡、凸起顶部及坡折，坡折部位厚度往往增大。

缓坡对介壳滩发育的控制作用在国内湖相碳酸盐岩中较为典型的实例是四川盆地侏罗系大安寨段，四川盆地北部阆中石龙场—柏垭油田典型井连井地震剖面及介壳滩发育模式图，如图 2.30 所示，过井地震剖面上可以清晰识别出两期进积反射，分别对应早、晚两期介壳滩沉积。图 2.31 为依据地震剖面及缓坡介壳滩微相沉积特点绘制的滩体分布图，受湖平面下降影响，滩体逐层向湖盆中心进积，该模式与 C 区块 TUPI 高地北斜坡滩体发育特点具有相似性。

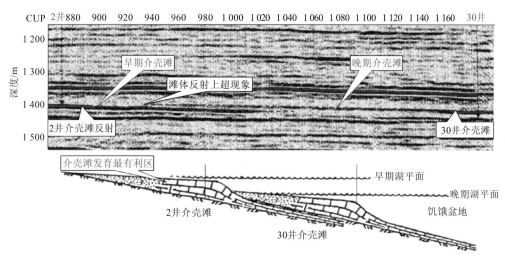

图 2.30　四川盆地北部阆中石龙场—柏垭油田典型井连井地震剖面及介壳滩发育模式图

从井震结合制作的 C—A—B 区块典型井连井古地貌及 BV 组微生物礁分布图（图 2.32）可以看出，A 区块、B 区块的 BV 组微生物礁连续叠置，厚度大，一般为 200～300 m。C 区块钻井结果表明，BV 组微生物礁体现出多期礁滩互层发育的特点，TUPI

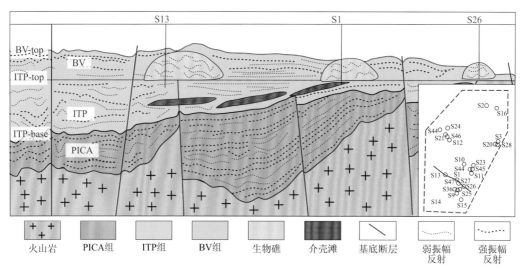

图 2.31　C—A—B 区块典型井连井古地貌及微生物礁、介壳滩分布图

高地较薄，斜坡区的凸起厚度与 A 区块、B 区块相当，但累计礁核厚度一般在 200 m 以内。分析微生物礁发育特点，可见凸起及坡折与微生物礁发育明显相关，凸起及坡折的介壳滩最为发育；洼陷及高能洼地微生物礁发育程度降低。由此明确了 BV 组微生物礁的主控因素：凸起及坡折、缓坡坡折，坡折部位厚度往往增大。

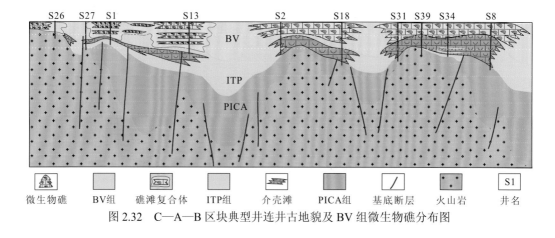

图 2.32　C—A—B 区块典型井连井古地貌及 BV 组微生物礁分布图

　　桑托斯盆地 BV 组微生物礁在地震剖面上具有丘形反射特征，丘形反射下部基底往往发育断垒，显示与古地貌的明显相关性。其外形特征与四川盆地川中磨溪寒武系灯影组微生物丘及川东北元坝二叠系生物礁外形极为类似。四川盆地川中磨溪—高石梯气田寒武系灯影组二段典型井连井地震剖面如图 2.33 所示，与 BV 组微生物礁岩石组合对比性强。

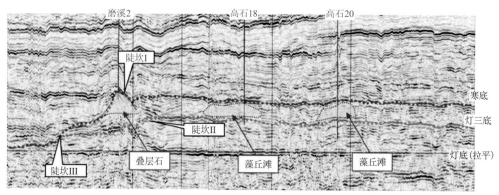

图 2.33　四川盆地川中磨溪—高石梯气田寒武系灯影组二段典型井连井地震剖面

2.4.2　古地貌划分标准及沉积相带分布规律

古地貌控制了湖相碳酸盐岩的发育和分布。不同古地貌背景，水体能量不同、湖平面变化频度不同、可容纳空间不同，这些因素均会导致礁滩沉积厚度、岩性组合、高能优势相带发育程度出现差异，是 C、A、B 三个区块沉积特征差异明显的重要因素。因此，确立古地貌划分标准，描述不同古地貌相带分布差异性是该区湖相碳酸盐岩沉积相带研究极为必要的。

1. 古地貌划分标准

依托研究区丰富的钻井资料、地震资料，在系统统计各区块钻井地层信息基础上井震结合，以地层厚度、反射结构（地层超覆与尖灭关系）、沉积前地层倾角三大要素为主要指标，确定古地貌定量划分标准，同时指出不同古地貌地震反射结构差异，建立地震识别标志。

研究区处于桑托斯盆地东部隆起带，湖相碳酸盐岩沉积期发育多级次多类型古地貌，综合考虑国内外对古地貌的命名，将古地貌由高到低划分出 7 大类：高地、凸起、低凸、高能洼地、缓坡、陡坡、洼陷。前三类对应古地貌高地，为准确描述不同古地貌高地沉积特点差异性，古地貌高地细分为三个等级：一阶、二阶、三阶，分别与高地、凸起、低凸对应（表 2.9）。BV 组不同古地貌特征如下。

一阶高地长期处于隆起状态、隆起幅度最高，研究区特指 TUPI 高地。该区域 ITP 组沉积期一直处于暴露状态，BV 组沉积层序不完整，中晚期才接受沉积。沉积厚度一般低于 100 m，高地两翼加厚，地震剖面具有席状或披盖状反射外形，以平行反射结构为主，两翼加厚部位存在上超现象，地层倾角小于 3°。

二阶凸起和三阶低凸隆起幅度相对较低，但可容纳空间较高地明显增加，是礁滩相带沉积范围最广、厚度最大的一类古地貌。凸起沉积层序较为完整，局部区域（如 B 区块）缺失 1~2 个四级层序，沉积厚度一般为 200~300 m，地震剖面具有丘状、楔状或披盖状反射外形，前积-顶超、平行-亚平行反射结构，地层倾角小于 3°；低凸沉积层序完整，沉积厚度一般为 300~400 m，地震剖面反射外形以丘状、披盖状为主，反射结构以平行-亚平行为主，局部具前积-顶超特征，地层倾角小于 3°。

表 2.9 BV 组古地貌划分标准一览表

构造带	古地貌			地层倾角/(°)	BV组					备注
					层序	厚度/m	反射结构	井区	剖面特征(过井剖面)	
	一阶	高地（TUPI）		<3	不完整	50~100	上超、平行-亚平行	S26		数据来自钻井统计及地震资料
	二阶	凸起		<3	较完整	200~300	前积-顶超、平行-亚平行	S1		
	三阶	低凸		<3	完整	300~400	平行-亚平行、前积-顶超	S8		
东部隆起			高能洼地	3~10	完整	300~500	上超、平行-亚平行	S34		
			缓坡	3~5	完整	300~500	上超、平行-亚平行	S10		
			陡坡	>5	完整	100~600	上超、前积	S11		
中央拗陷			洼陷	<5	完整	500~700	发散、上超、平行-亚平行	S21		数据来自地震资料
东部拗陷			拗陷	<3	完整	100~300	平行-亚平行、底超-上超	S32		

高能洼地为古地貌高地背景中的浅洼,沉积层序完整,沉积厚度一般为 300～500 m,地震剖面具有下凹状反射外形及上超、平行-亚平行反射结构,地层倾角为 3°～10°。

缓坡沉积层序完整,沉积厚度一般为 300～500 m,地震剖面具有楔状、席状反射外形,上超、平行-亚平行反射结构,地层倾角为 3°～5°。

陡坡沉积层序完整,沉积厚度一般为 100～600 m,地震剖面具有锥状反射外形,上超、前积反射结构,地层倾角一般大于 5°。

洼陷沉积层序完整,沉积厚度一般为 500～700 m,地震剖面具有席状、楔状反射外形及发散、平行-亚平行、上超反射结构,地层倾角一般小于 5°。

拗陷位于东部隆起带外,与隆起带内部洼陷沉积特征明显不同,由于其深水环境,沉积厚度明显减薄,具有典型的饥饿沉积特点,地震剖面具有席状、楔状反射外形及平行-亚平行、底超-上超反射结构,地层倾角一般小于 3°。

对 A、B 及 C 三个区块 BV 组 30 口钻井层序及地层厚度进行统计(表 2.10、图 2.34),统计数据均是打穿整个层段的厚度数据。从表 2.10 中可以看出,不同古地貌厚度差异明显,尤其是高地、凸起、低凸厚度有明显差异,表明古地貌划分是较为合理的。TUPI 高地位于 C 区块,S11、S15 及 S26 等井钻遇该地貌单元,BV 组平均地层厚度为 80 m,代表持续隆起的继承性古地貌高地;凸起、低凸及高能洼地广泛分布于 C、A 及 B 三个区块,如 C 区块的 S1、S13 及 S27 等井,地层厚度一般分布在 200～400 m,其中凸起和低凸区可容纳空间较大,且具有坡折地形,是 BV 组发育最有利的地貌单元。研究区钻遇缓坡地形的井主要集中在 C 区块,以 S10 井为代表,其地层厚度为 350 m,对应相对低能的深水沉积区。

表 2.10　不同古地貌钻井 BV 组厚度统计表

古地貌	C 区块		A 区块		B 区块	
	代表井名	平均厚度/m	代表井名	平均厚度/m	代表井名	平均厚度/m
TUPI 高地	S11、S15、S26	80	—	—	—	—
凸起	S1、S9、S25、S12、S14、S2	281	S7、S17、S19	262	S8、S29、S31、S34、S35、S39、S37、S30	196
低凸	S13、S21	400	S18	374	S33、S40	359
高能洼地	S23、S27	230	—	—	S32、S41	186
缓坡	S10	350	—	—	—	—

ITP 组古地貌特征与 BV 组总体相似,但反射结构和厚度有差异(表 2.11)。一阶高地缺失,二阶凸起沉积层序不完整,局部区域缺失 1～2 个四级层序,沉积厚度一般为 200～300 m,地震剖面具有楔状或披盖状反射外形,平行-亚平行、顶超-前积反射结构,地层倾角小于 3°;三阶低凸沉积层序较完整,沉积厚度一般为 300～400 m,地震

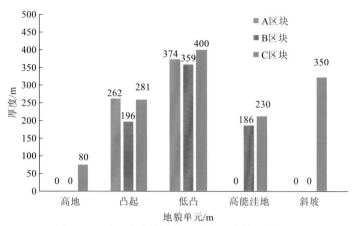

图 2.34　不同古地貌钻井 BV 组厚度统计直方图

剖面反射外形以披盖状为主,局部具有楔状外形,反射结构以平行-亚平行为主,局部具顶超-前积特征,地层倾角小于 3°。

高能洼地沉积层序完整,具有填平补齐的典型特征,沉积厚度一般为 300～400 m,地震剖面具有楔状或帚状反射外形及上超、发散状、亚平行反射结构,地层倾角为 3°～10°。

缓坡沉积层序完整,沉积厚度一般为 300～500 m,地震剖面具有楔状、席状反射外形,反射结构与 BV 组差异明显,具有上超、斜交前积、叠瓦状、平行-亚平行特征,地层倾角为 3°～5°。

陡坡沉积层序完整,沉积厚度一般为 100～600 m,地震剖面具有锥状反射外形及上超、发散、前积反射结构,地层倾角一般大于 5°。

洼陷沉积层序完整,沉积厚度较 BV 组略厚,一般为 500～700 m,地震剖面特征与 BV 组相似,地层倾角一般小于 5°。

拗陷沉积层序完整,沉积厚度明显减薄,地震剖面特征与 BV 组相似,地层倾角一般小于 3°。

对 A、B 及 C 三个区块 ITP 组 24 口钻井层序及地层厚度进行统计(表 2.12、图 2.35)。表 2.12 中可以看出:凸起区钻井平均地层厚度为 161～240 m,低凸区厚度增大,为 274～380 m;高能洼地钻井平均地层厚度为 148～171 m,但一般未打到最深位置;C 区块缓坡区钻井平均地层厚度为 375 m,一般为浅缓坡。

基于上述划分标准及钻井各层系厚度特征,对 C、A、B 三个区块各井区沉积期 ITP 及 BV 组古地貌进行了识别和表征(图 2.36、图 2.37)。C 区块古地貌发育齐全,A 区块、B 区块主要以凸起为主,局部发育高能洼地。从 ITP 组与 BV 组古地貌发育特征对比看:两个层系古地貌有较明显的继承性,但也存在差异,如 B 区块 S8 井区,在 ITP 组沉积期位于低凸,在 BV 组则位于凸起;S34 井区在 ITP 组沉积期位于高能洼地,在 BV 组则位于凸起。这与 ITP 组沉积后发生的构造运动所导致的古地貌变化有关,同时也与 ITP 组介壳滩微相沉积所导致的古地貌变化有关。

表 2.11　ITP 组古地貌划分标准一览表

构造带	古地貌		地层倾角/(°)	ITP 组				剖面特征	备注
	等级	命名		层序	平均厚度/m	反射结构	井区	过井剖面	
	一阶	高地（TUPI）		缺失					数据来自钻井统计及地震资料
	二阶	凸起	<3	不完整	200~300	平行-亚平行、顶超-前积	S35		
	三阶	低凸	<3	较完整	300~400	平行-亚平行、顶超-前积	S8		
东部隆起		高能洼地	3~10	完整	300~400	上超、发散、亚平行	S38		
		缓坡	3~5	完整	300~500	上超、斜交前积、叠瓦状、平行-亚平行	S29		
		陡坡	>5	完整	100~600	上超、发散、前积	S14		
		洼陷	<5	完整	500~700	发散、上超、平行-亚平行	S11		数据来自地震资料
中央拗陷东部拗陷		拗陷	<3	完整	100~300	平行-亚平行、底超-上超	S8		

表 2.12 不同古地貌钻井 ITP 组厚度统计表

古地貌	C 区块		A 区块		B 区块	
	代表井名	平均厚度/m	代表井名	平均厚度/m	代表井名	平均厚度/m
凸起	S14、S23、S25	161	S17、S18、S19	240	S29、S35、S39、S40、S37、S30	193
低凸	S2	274	S7	297	S31、S8	380
高能洼地	S9、S2、S27	148			S34、S33、S32、S41	171
缓坡	S21	375				

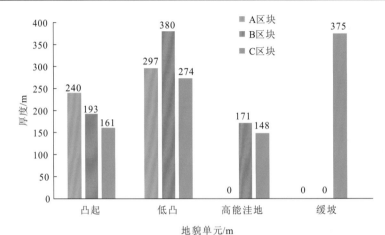

图 2.35 不同古地貌钻井 ITP 组厚度统计直方图

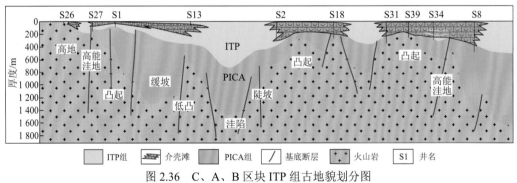

图 2.36 C、A、B 区块 ITP 组古地貌划分图

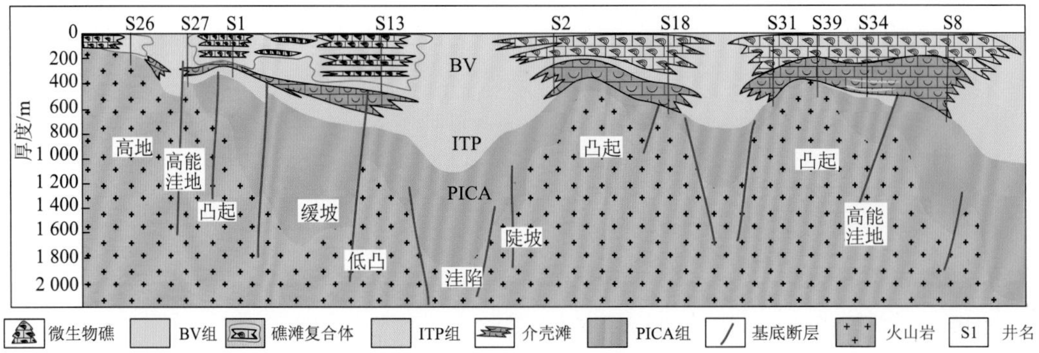

图 2.37 C、A、B 区块 BV 组古地貌划分图

需要补充说明的是，本书对古地貌的划分与中海石油（中国）有限公司及其他单位的学者对古地貌的划分有明显差异，如武静等（2019）将桑托斯盆地 A 区块古地貌划分为古构造深水区、古构造斜坡-洼地区、古构造次高地及古构造高地共 4 个构造阶地。相对于这一划分方案而言，本书的划分方案有两个特点：一是将 TUPI 高地列为一阶隆起，更突出其与其他凸起地貌的差异，TUPI 高地沉积特点与普遍发育的凸起差异明显。凸起、低凸分别对应二阶及三阶正向古地貌，更细化古地貌高地划分；二是将古地貌细分，将古地貌高地之间的洼地（命名的高能洼地）与洼陷分开，将东部隆起带内的洼陷与中央拗陷予以区分，确立了其沉积厚度与反射结构差异标志。综上所述，本书所提出的古地貌划分标准操作性强，对后续基于古地貌的相带识别具有较好的指导作用。

2. 古地貌沉积相带分布规律

在桑托斯盆地古地貌划分标准确立基础上，依托丰富的钻井资料，即可进一步明晰不同古地貌湖相碳酸盐岩相带及岩性分布特征，探寻不同古地貌碳酸盐岩沉积相带分布规律。

在湖相碳酸盐岩沉积期，古地貌相对高的区域由于沉积水体能量较强，以微生物礁灰岩或者颗粒灰岩沉积为主，而在地貌相对较低的区域，由于沉积水体能量相对较低，灰泥质的细粒物质更容易沉积保存，所以礁滩相带主要发育于古地貌高地。基于此，主要针对隆起及缓坡区沉积相带及岩性差异进行统计分析。

1）BV 组不同古地貌沉积相带及岩性发育特征

通过 C、A 及 B 三个区块 BV 组隆起及缓坡区沉积相带与岩性特征对比可以得出以下结论（表 2.13）。

（1）TUPI 高地波浪作用强，为高能环境，发育高能礁基滩、礁核、礁间微相，岩性以相对厚层球状微生物灰岩为主夹薄层叠层石微生物灰岩，在古地貌最高处，发育薄层石灰岩（如 S11 井）。由于 TUPI 高地可容纳空间有限，地层厚度薄。

（2）凸起区发育礁核、礁间等微相，以礁核沉积为主，礁体厚度大，其次为高能礁基滩沉积。岩性主要为厚层叠层石微生物灰岩、薄层球状微生物灰岩及薄层石灰岩。

（3）低凸区与凸起区沉积相带相近，发育礁核、礁基滩、礁间微相，但由于可容纳空间更大，沉积厚度更大，且礁-滩相带转换更为频繁，叠层石微生物灰岩与球状微生物灰岩等频繁转换（如 S13 井）。

（4）高能洼地具有一定的水深和坡度，水深变化快、能量幅度广、沉积类型多样，主要发育礁间、礁核、低能礁基滩微相，岩石类型主要有薄层石灰岩及薄层叠层石微生物灰岩，互层特征明显，石灰岩厚度明显增加。

（5）缓坡主要发育高能礁基滩、礁核、低能礁基滩、礁间微相，岩石类型主要有中厚层球状微生物灰岩、中厚层叠层石微生物灰岩及薄层石灰岩。

表 2.13 BV 组隆起及缓坡区古地貌典型岩性特征

古地貌	沉积微相	岩石类型组合			典型岩电性剖面							
		岩性组合	厚度/m	叠层石相对含量	C 区块		A 区块	B 区块		
高地（TUPI）	高能礁基滩	厚层球层状微生物灰岩	50~100	3	S26 S11					
	礁核	薄层叠层石微生物灰岩								
	礁间	薄层石灰岩								
凸起	礁核	厚层叠层石微生物灰岩	200~300	1	S1 S14		S19	S8	S31	
	高能礁基滩	薄层球层状微生物灰岩								
	低能礁基滩	薄层石灰岩								
	礁间									
低凸	礁核	厚层叠层石微生物灰岩	300~400	2	S13 S2		S18	S33	S40	
	高能礁基滩	中厚层球层状微生物灰岩								
	低能礁基滩	薄层石灰岩								
	礁间									
高能洼地	礁间	薄层石灰岩	400~500	5	S23 S27					
	礁核	薄层叠层石微生物灰岩								
	低能礁基滩									
缓坡	高能礁基滩	中厚层球层状微生物灰岩	300~500	4	S10			S32	S41	
	礁核	中厚层叠层石微生物灰岩								
	低能礁基滩	薄层石灰岩								
	礁间									

　　总体而言，BV 组叠层石微生物灰岩发育程度由高到低的古地貌是凸起-低凸-高地-缓坡-高能洼地（表 2.13、图 2.37）。

　　为了更为直观展示不同古地貌相带及岩相差异，制作沉积相带变化最为丰富的 C 区块 S13—S15 井连井古地貌及层序-沉积相对比图（图 2.28）。结合研究区古地貌特征及 BV 组典型井岩性特征，该区 BV 组优势相带（微生物礁）发育具有以下特征。

　　（1）微生物礁主要发育于凸起、低凸、缓坡，向高地逐渐减薄，如位于凸起的 S1 井、低凸的 S13 井微生物礁相对发育，其次为高地的 S11 井。

　　（2）坡折背风面礁体相对不发育，这主要由生物礁发育主要向迎浪面生长的沉积机理控制。

　　（3）缓坡区礁体发育程度降低，即凸起与低凸之间的缓坡礁体发育程度明显降低，典型代表为 S10 井。

　　（4）高能洼地礁体相对不发育，如凸起与高地之间的高能洼地的 S23 井，微生物礁不发育。

　　上述分析表明高地及凸起周边微生物礁发育受古地貌控制，而非普遍连片发育。

2）ITP 组不同古地貌沉积相带及岩性发育特征

　　通过 C、A 及 B 三个区块 ITP 组隆起及缓坡区沉积相带与岩性特征对比（表 2.14）可以得出以下结论。

　　（1）凸起区发育介壳滩、内碎屑滩、滩间微相，岩性为厚层介壳灰岩、薄层砂屑灰岩及薄层（泥）灰岩，以介壳滩沉积的厚层介壳灰岩为主，滩体厚度大，其次为内碎屑滩沉积的砂屑灰岩，夹短暂水体能量降低沉积的薄层（泥）灰岩。

　　（2）低凸区沉积微相与凸起区相近，发育介壳滩、滩间、浅湖泥微相，岩性主要为厚层介壳灰岩、薄层（泥）灰岩及薄层泥页岩，由于可容纳空间增大，沉积厚度较凸起区更大，但由于水体相对较深，沉积了薄层泥页岩。缓坡（主要指浅缓坡）同样有利于介壳滩沉积，与低凸区相似。

　　（3）高能洼地水深变化快、沉积类型多样，主要发育滩间、介壳滩、浅湖泥微相，岩性一般为中厚层（泥）灰岩、薄层介壳灰岩、薄层泥页岩及薄层粉砂质泥岩，互层特征明显，泥页岩及粉砂质泥岩含量明显增加。

　　（4）缓坡区 ITP 组主要发育介壳滩、滩间、浅湖泥微相，岩石组合包括中厚层介壳灰岩、薄层（泥）灰岩及薄层泥页岩，缓坡区滩体厚度与所处缓坡位置有关，浅缓坡厚度大，向深缓坡过渡厚度降低，总体沉积范围大。

　　总体而言，ITP 组介壳滩沉积的介壳灰岩发育程度由高到低的古地貌是凸起-低凸-缓坡-高能洼地（表 2.14、图 2.36）。

　　C 区块 S13—S15 井连井古地貌及层序-沉积相对比图（图 2.28）可以看出，位于缓坡的 S10、S1、S23（高地缓坡）井介壳滩较为发育，向西北部水体加深，SSQ3 层序滩相发育有减少趋势。

表 2.14　ITP 组隆起及缓坡区古地貌典型岩性特征

古地貌	岩石类型组合				典型井岩性剖面			
	沉积微相	岩性组合	厚度/m	介壳滩发育程度排序	C 区块	A 区块	B 区块	
凸起	介壳滩 内碎屑滩 滩间	厚层介壳灰岩 薄层砂屑灰岩 薄层（泥）灰岩	100～300	1	S14、S25	S17	S37	S39
低凸	介壳滩 滩间 浅湖泥	厚层介壳灰岩 薄层（泥）灰岩 薄层泥灰页岩	200～400	2	S9、S21	S7	S31	S8
高能洼地	滩间 介壳滩 浅湖泥	中厚层（泥）灰岩 薄层介壳灰岩 薄层泥灰岩 薄层粉砂质泥岩	200～400	4			S34	S41
缓坡	介壳滩 滩间 浅湖泥	中厚层介壳灰岩 薄层（泥）灰岩 薄层深灰色泥页岩	300～400	3			S29	S35

2.4.3　构造及火山活动对古地貌的影响

古地貌对桑托斯盆地礁滩相带有明显的控制作用，古地貌的形成受什么因素控制是需要探究的问题，通过对地震资料及层序发育特征综合分析，结合前人的研究认识，桑托斯盆地古地貌高地的形成有三种主要成因。

1. 持续性古隆起

C 区块 TUPI 高地是典型的持续性古隆起，也是桑托斯盆地东部隆起带隆起幅度最高的古隆起。该古隆起上缺失了 ITP 组及 BV 组下裂谷 SSQ4～SSQ5 层序，钻井揭示的 BV 组沉积厚度仅几十米。从 C 区块 S13—S1—S26 井连井地震剖面及 ITP 组层拉平剖面（图 2.38）上看，TUPI 高地始终处于厚度减薄带，具有西北缓、东南陡的特征，西北缓坡是微生物礁沉积的主要场所，在 TUPI 高地周缘，钻井证实发育微生物礁。

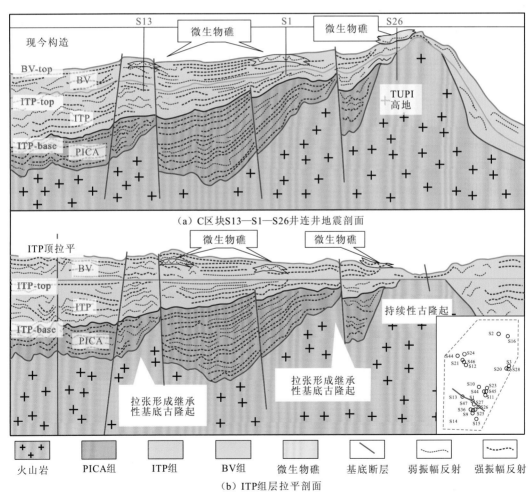

图 2.38　C 区块 S13—S1—S26 井连井地震剖面及 ITP 组层拉平剖面

2. 构造活动

地壳拉张形成地垒或倾斜断块是影响古地貌的又一关键因素。裂谷早中期：早白垩世贝里阿斯期—巴雷姆期地壳拉张，形成地垒-地堑相间格局，地垒为古地貌高地。裂谷晚期：地壳拉张微弱，ITP 组以填平补齐为主。拗陷期：BV 组沉积前，阿普特早期地壳整体抬升剥蚀，形成前 Alagoas 不整合面，基底断块重新活动，拉张作用导致地垒再次隆起成为古地貌高地（汪新伟 等，2013）。

从 C 区块 S13—S1—S26 井连井地震剖面及 ITP 组层拉平剖面（图 2.38）上看，ITP组从西北斜坡向 TUPI 高地逐渐减薄，沉积厚度稳定变化，反映出 ITP 组沉积期间，构造活动不明显。而 BV 组厚度则呈现非均匀变化，在基底断垒上部的 BV 组，往往发育丘形微生物礁，表明 ITP 组沉积后，构造活动导致早期的断垒或倾斜断块再次成为古地貌高地，接受微生物礁沉积。

3. 火山喷发作用

桑托斯盆地古地貌高地多为火山岩隆起，除 PICA 组沉积前的火山喷发形成古地貌高地这一普遍共识外，在 PICA 组沉积以后，火山喷发作用对桑托斯盆地湖相碳酸盐岩沉积前的古地貌的影响也是非常明显的，在 B 区块最为明显。从 B 区块 S8—S29 井连井地震剖面及 BV 组层拉平剖面（图 2.39）上看，S29 井下部柱状弱反射对应的火山通道控制了 PICA 组陆相层序的发育。在火山通道两侧，PICA 组地震反射特征存在明显差异，表明火山喷发发生于 PICA 组沉积之前，结合火山活动期次分析为第一期欧特里夫期的火山喷发。在 S29 井底部钻遇楔状弱反射，对应火山喷发溢流相，呈披盖状覆盖于 PICA强反射相带之上，表明 PICA 组沉积后，该火山存在喷发溢流，结合火山活动期次分析

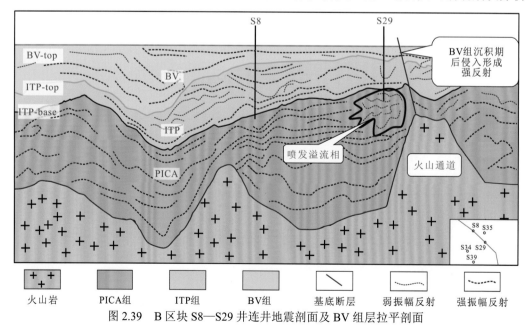

图 2.39　B 区块 S8—S29 井连井地震剖面及 BV 组层拉平剖面

为第二期的阿普特期的火山喷发溢流，从而奠定了 ITP 组沉积前的古地貌高地的基础。剖面西部的 S8 井 ITP 组沉积厚度较 S29 井厚，且 S8 井左侧具有典型的斜交前积特征，且呈楔状减薄的特征，进一步说明 S29 井古地貌更高，从而说明火山喷发是形成 ITP 组沉积前古地貌高地的重要因素。在 S29 井 BV 组顶部存在侵入岩（图 2.39），该侵入岩发育位置位于火山通道上部拉张断层两侧。对 S29 井周边相同古地貌背景的 BV 组湖相灰岩厚度作对比分析发现，该井周边各井均以厚层微生物礁灰岩为主，井间石灰岩厚度差异小，厚度差异主要来自侵入岩，表明在 BV 组沉积之后，S29 井区存在小规模岩浆作用，可能为阿普特晚期岩浆侵入的产物，这与前期部分学者（Oreigo et al.，2008）认为阿普特期早晚各有一期岩浆岩活动的观点也是一致的。

上述分析表明，在 PICA 组及 ITP 组沉积前的火山喷发对湖相碳酸盐岩古地貌的影响最大，BV 组沉积期后的火山喷发对湖相碳酸盐岩古地貌无影响，但可能影响储层品质。

2.4.4 基于古地貌特征的湖相生物礁滩发育模式

基于古地貌特征及划分标准、古地貌影响因素分析认识，结合 C、A、B 三个区块地震剖面上湖相生物礁滩发育的特点，总结出 ITP 组、BV 组湖相生物礁滩发育模式。

ITP 组介壳滩发育模式：古地貌高地及其周缘缓坡控滩（图 2.40）。在 B 区块及 A 区块，介壳滩主要发育在古地貌高地顶部和周缘（图 2.40），在古地貌高地周缘陡坡及洼陷，水动力条件相对较弱，可容纳空间有限，以泥灰岩、泥页岩、砂泥岩互层等半深湖亚相沉积为主，典型井如 S32、S41 井等。在 C 区块 TUPI 高地北西部缓坡，介壳滩也较为发育，但远离 TUPI 高地的北部缓坡深水区及陡坡，介壳滩发育程度逐渐降低。

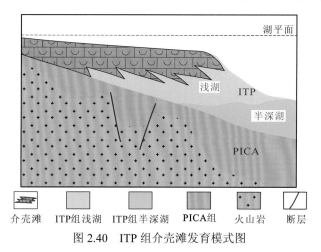

图 2.40 ITP 组介壳滩发育模式图

BV 组微生物礁发育模式分为三种。

模式 I：ITP 组滩相建隆控礁模式（图 2.41）。该模式主要发育在 B 区块及 A 区块，如图 2.41 所示，在凸起边缘 ITP 组介壳滩厚度明显增大，对 BV 组沉积前古地貌产生了明显影响。ITP 组介壳滩顶部，BV 组微生物礁呈披盖形态，在介壳滩所形成的凸起坡折前端，BV 组发育楔状前积体，形成叠层石微生物礁，充分体现了滩相建隆对微生物礁展布的控制作用。

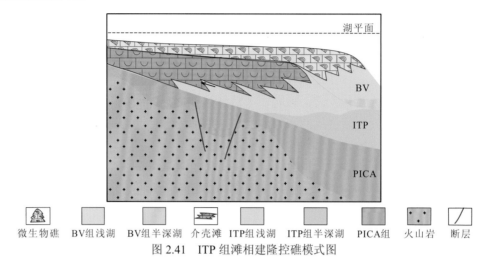

微生物礁　BV组浅湖　BV组半深湖　介壳滩　ITP组浅湖　ITP组半深湖　PICA组　火山岩　断层

图 2.41　ITP 组滩相建隆控礁模式图

模式 II：基底间歇性隆起控礁模式（图 2.42）。该模式主要发育在 C 区块，如图 2.42 所示，在 TUPI 高地西北斜坡基底存在多个断块，该区域 BV 组厚度向东部的 TUPI 高地逐渐减薄，体现出填平补齐的特征。地震相在该区总体表现出空白反射特征，沉积相带变化不明显。综合这两个特点，推测 BV 组沉积期间基底活动迹象不明显，但存在典型的丘形弱反射地震相特征，证实该区微生物礁发育。从沉积机理上分析，微生物礁集中发育于古地貌高地背景，因此，ITP 组沉积后的构造运动，不仅导致了破裂不整合的产生，同时基底断垒发生了隆升，导致了古地貌高地的形成，表明基底间歇性隆起对 BV 组微生物礁发育的控制作用。

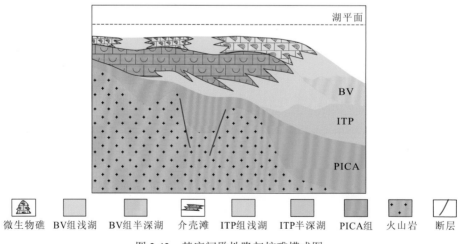

微生物礁　BV组浅湖　BV组半深湖　介壳滩　ITP组浅湖　ITP半深湖　PICA组　火山岩　断层

图 2.42　基底间歇性隆起控礁模式图

　　进一步研究发现，C 区块，并非所有基底断块，在 ITP 组沉积后会再次隆起。如图 2.43 所示，在 S36 井正西方向，ITP 组沉积稳定，BV 组连续强反射逐层向西底超于 ITP 组弱反射之上，基底断块早期隆起后，后期依然处于休眠状态。BV 组不发育丘形弱反射地震相特征，分析认为微生物礁不发育。而 S36 井区位于基底凸起之上，在 ITP 组沉积后，构造运动导致该地区发育古地貌高地，在井区两侧均存在 BV 组地层增厚，同时发育丘形弱反射地震相特征，该凸起导致微生物礁发育。

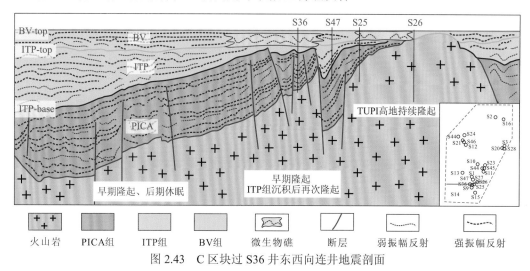

图 2.43　C 区块过 S36 井东西向连井地震剖面

　　模式 III：基底持续性隆起控礁模式（图 2.44）。该模式在三个区块都存在，以 B 区块最为典型，在 B 区块 TUPI 高地西侧普遍存在，如 S1 井区、S36 井区等。如图 2.44 所示，该两口井所在井区基底凸起在 PICA 组沉积之前已经存在，PICA 组在凸起两翼厚，凸起顶部薄，后期 ITP 组滩相也呈披覆特征沉积于凸起之上，并有凸起坡折滩相建隆特点。在 ITP 组沉积后，依托于 ITP 组沉积后的古地貌高地，BV 组在凸起顶部及凸起周缘坡折带，发育楔状弱反射前积体，钻井证实为厚层微生物礁，表明基底持续性隆起对 BV 组微生物礁发育的控制作用。

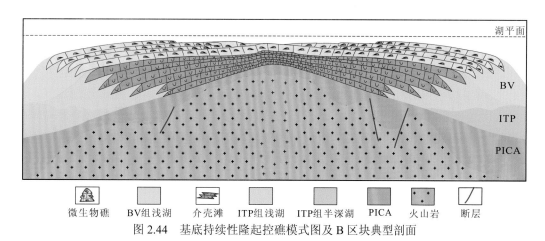

图 2.44　基底持续性隆起控礁模式图及 B 区块典型剖面

在上述模式建立的基础上，对 C、A、B 三个区块各典型井区微生物礁下伏基底构造演化过程有了进一步的认识（图 2.45）。C 区块存在基底持续性隆起及间歇性隆起控礁，A 区块存在基底持续性差异化隆起控礁和 ITP 组滩相建隆控礁，B 区块存在基底持续性隆起及 ITP 组滩相建隆控礁。

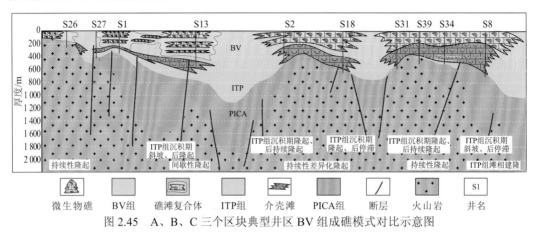

图 2.45　A、B、C 三个区块典型井区 BV 组成礁模式对比示意图

2.4.5　构造-礁滩沉积演化特征

1. 桑托斯盆地区域构造演化背景探讨

裂谷期从早白垩世巴雷姆期—阿普特早期，南大西洋刚开始裂开，在巴西东部沿海形成了一系列的裂谷盆地。Ojeda（1982）、汪新伟等（2013）将 ITP 组沉积期划分到裂谷期，BV 组与上覆 Ariri 组蒸发岩沉积期划分到过渡期，进一步将盐下裂谷期划分为下裂谷层序、中裂谷层序、上裂谷层序和过渡期的下拗陷层序与上拗陷层序（图 2.46）。ITP 组发育于上裂谷层序，BV 组二分为上、下拗陷层序。裂谷中期地壳拉张，盆地持续沉降，湖水达到最深，发育了一套以深湖相泥灰岩、页岩和泥质泥屑灰岩为主的岩性组合，即 PICA 组，此时 TUPI 高地处于剥蚀状态。裂谷晚期（巴雷姆晚期—阿普特早期）地壳拉张应力减弱，发育 ITP 组沉积层序，湖水相对变浅，在 TUPI 剥蚀高地的附近以陆源碎屑岩沉积为主，在远离物源的浅水区及地垒型浅水区发育介壳灰岩，而在地堑型深水区则以页岩为主。在 ITP 组沉积后，阿普特早期地壳整体抬升剥蚀，发育了裂谷期与过渡期之间的区域性不整合面——前 Alagoas 不整合面，裂谷期结束。而后逐渐沉降，湖水侵入，进入裂谷期后的拗陷期，发育了一套滨浅湖环境下高矿化度的藻类叠层石碳酸盐岩与生物碎屑灰岩层序，即 BV 组，与裂谷作用后的热沉降有关。受湖水间歇式侵入的影响，发育了一个阿普特期内的不整合面，把 BV 组分为下拗陷层序与上拗陷层序两个岩性段。

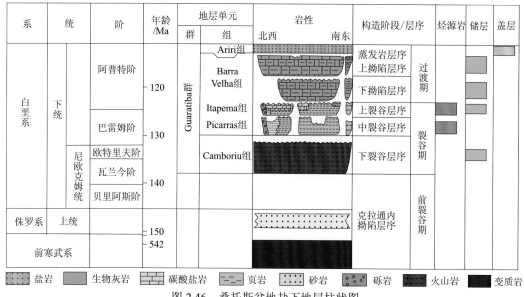

系	统	阶	年龄/Ma	地层单元		岩性		构造阶段/层序		烃源岩	储层	盖层
				群	组	北西	南东					
白垩系	下统	阿普特阶	120	Guaratiba群	Ariri组			蒸发岩层序	过渡期			
					Barra Velha组			上拗陷层序				
								下拗陷层序				
		巴雷姆阶	130		Itapema组			上裂谷层序	裂谷期			
					Picarras组			中裂谷层序				
	尼欧克姆统	欧特里夫阶			Camboriu组			下裂谷层序				
		瓦兰今阶	140									
		贝里阿斯阶							前裂谷期			
侏罗系	上统		150					克拉通内拗陷层序				
前寒武系			542									

图例：盐岩　生物灰岩　碳酸盐岩　页岩　砂岩　砾岩　火山岩　变质岩

图 2.46　桑托斯盆地盐下地层柱状图

前期研究普遍认为，桑托斯盆地 ITP 组沉积后，区域构造沉积特征发生了明显转换，沉积了与 ITP 组构造背景不同、沉积体系差异明显的 BV 组碳酸盐岩。在 BV 组内部是否存在次级构造-沉积转换，不同学者有不同观点，本书发现 BV 组 SSQ3、SSQ4 四级层序在 B 区块缺失，因此 BV 组沉积中期存在次级构造-沉积转换，这与部分学者的观点一致，这为构造-礁滩沉积演化特征分析奠定了基础。

2. 层序与礁滩沉积演化特征

结合盐下湖相碳酸盐岩沉积期，各层序充填特征及礁滩发育特点，在上述模式建立的基础上，明确了 C、A、B 三个区块各四级层序沉积演化特征（图 2.47），具体如下。

SSQ1 层序沉积时期 TUPI 高地处于暴露状态，在 TUPI 高地北西的 C 区块总体为缓坡地貌，靠近 TUPI 高地的高能洼地已存在，在湖侵期靠近 TUPI 高地的浅湖高能区域发育介壳滩，高位期滩体向北西迁移。A 区块古地貌背景为低幅度凸起，在凸起及坡折部位介壳滩体的发育受可容纳空间的影响，A 区块介壳滩体厚度较 B 区块更厚。

SSQ2 层序沉积时期古地貌特点与 SSQ1 层序具有较好的继承性，滩体发育特点基本一致，但由于该时期为 ITP 组沉积期最大的湖侵期，在 C 区块缓坡区因水体上升滩体发育程度降低，B 区块凸起区可容纳空间增大，滩体厚度明显增加。

SSQ3 层序沉积时期为 ITP 组沉积高位期，ITP 组介壳滩最为发育。缓坡及低幅度凸起水体能量强，可容纳空间大，各区块均有厚层滩体发育。相对而言，C 区块水体动荡及水深转换较为频繁，滩体沉积间断现象较明显，以滩体与颗粒灰岩、半深湖泥灰岩互层沉积为主要特征。B 区块及 A 区块长期处于高能环境，滩体连续沉积，厚度大。

SSQ4 层序 ITP 组沉积期后的构造运动导致基底断块再次隆升，形成了破裂不整合面，以 TUPI 高地及 B 区块隆起幅度最大，缺失该层序沉积，在 A 区块凸起区及 TUPI

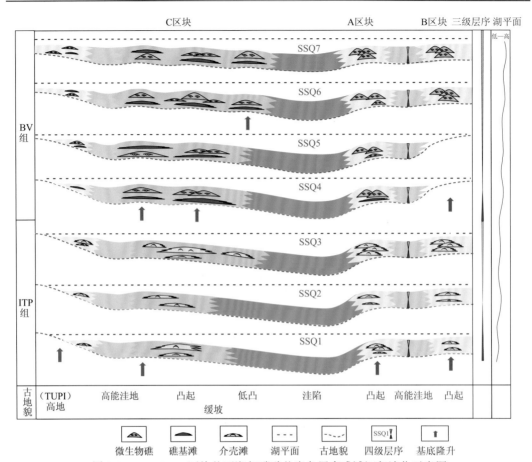

图 2.47　C、A、B 区块盐下湖相碳酸盐岩各层序礁滩沉积演化示意图

高地北西部低凸区发育微生物礁。该时期是 BV 组沉积期最大的湖侵期，微生物礁发育程度相对较低，该层序早期成滩晚期成礁的特征最为明显。

SSQ5 层序继承了 SSQ4 层序沉积古地貌的特点，伴随湖平面的下降，微生物礁亚相在凸起、低凸及缓坡坡折区较为发育，邻近洼陷的第一排礁体厚度及规模相对较大。SSQ5 层序沉积期末，基底构造运动复活，以 C 区块北西区域为代表的部分基底凸起再次隆升形成低凸，标志下拗陷层序沉积结束和上拗陷层序沉积开始。

SSQ6 层序沉积时期湖盆范围扩大，B 区块及 TUPI 高地部分区域开始接受 BV 组沉积，同时，各级次凸起及 TUPI 高地区普遍发育微生物礁，C 区块已钻井揭示，该层序微生物礁最为发育。

SSQ7 层序沉积时期湖盆范围最大，TUPI 高地整体变为水下高地并接受沉积，与 SSQ6 层序古地貌高地具有明显继承性，凸起顶部及坡折区礁滩繁盛，以 TUPI 高地北西向大缓坡背景中靠近洼陷的第一排礁体厚度最大。

<table>
<tr><td>第 3 章</td><td>盐下湖相碳酸盐岩储层
评价及主控因素</td></tr>
</table>

3.1 成岩作用及成岩相特征

3.1.1 成岩作用类型及特征

1. ITP 组主要成岩作用特征

1)泥晶化

颗粒的泥晶化常见,主要表现为双壳生屑表面形成的泥晶套(图 3.1)。在成岩环境中最早发生的过程之一就是颗粒的泥晶化。泥晶化非常常见并被视为一个泥晶包体,形成于湖底的双壳类介壳表面或非常浅的埋藏环境。在浅湖水中,泥晶包体通常更频繁地出现在近圆形和圆形生屑颗粒中。当碳酸盐岩重结晶或新生变形时,该泥晶套和有机质形成一层覆盖层或微晶包层,构成了生屑颗粒的原始外表面(图 3.1)。在浅水和动荡水体、高能沉积环境中,随着生屑颗粒磨损,泥晶化过程不断发生,与海洋环境一致(Mcglue et al.,2010)。

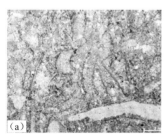

图 3.1 桑托斯盆地 ITP 组泥晶套特征

(a)双壳碎屑重结晶,边缘发育泥晶套,单偏光,5 264 m,S1 井;(b)双壳碎屑硅化,边缘发育泥晶套,
正交偏光,5 264 m,S1 井;(c)双壳碎屑重结晶,边缘发育泥晶套,单偏光,5 270.5 m,S1 井

2)胶结作用

胶结作用是晶体在原生或次生孔隙空间中充填的化学沉淀(Tucker and Wright,1990;Harris et al.,1985;Bathurst,1975)。在 ITP 组碳酸盐岩中观察到以胶结物形式沉淀的主要矿物是低镁方解石和二氧化硅。低镁方解石是主要的胶结物,存在于受大气

成岩作用影响的陆相碳酸盐岩中（Chafetz et al.，1985），二氧化硅少量存在（Bustillo and Tantum，2010），白云石在研究序列中同样不常见。

桑托斯盆地ITP组介壳灰岩中方解石胶结物有三个胶结期。第一期观察到的第一种胶结物是较为自形的亮晶方解石沉淀到由溶解双壳壳体形成的铸模孔中［图3.1、图3.2（a）］，或衬里式发育在孔隙内壁之上［图3.2（a）］，同样表明成岩演化过程钙质的溶解-沉淀过程。第二期是马牙状方解石形成等厚环边，通常发育在生物碎屑颗粒周围的泥晶套上［图3.1（c）、图3.2（b）］。第三期中，细-粗晶或棱柱状方解石胶结物填充粒间孔隙［图3.2（c）］。

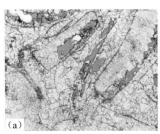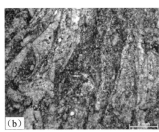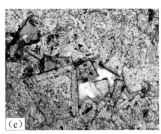

图3.2　桑托斯盆地ITP组介壳灰岩三期方解石胶结作用特征

（a）第一期方解石胶结，介壳壳体溶孔充填方解石，部分沿孔隙内壁充填，单偏光，5 264，S1井；（b）第二期方解石胶结，马牙状方解石等厚环边，单偏光，5 266.8 m，S1井；（c）第三期方解石胶结，细-粗晶或棱柱状方解石充填粒间孔隙，单偏光，5 266.8 m，S1井

3）机械压实作用

机械压实伴随着压力溶解在碳酸盐沉积物埋藏过程中逐步发生，这一过程导致孔隙空间缩小、脱水、变形和晶粒重新定向。此外，覆岩压力和压实作用导致碳酸盐岩厚度减小，密度增加。在压实效果的定性评估中，变形程度可以通过颗粒之间的接触类型来测量，这种接触可以是颗粒对颗粒的点接触、切向接触、凹凸接触和缝合线接触，并在溶解层和缝合线中达到最高压实程度（Bathurst，1975）。介壳灰岩中介壳常略具定向排列，并呈颗粒对颗粒接触，压实程度中等。

总体上，颗粒灰岩在显微镜下可观察到壳体遭受溶解作用后形成的铸模孔及残余的原始结构，但壳体或壳体铸模孔的完整性相对保存较好，无明显的破碎现象，指示生物壳体的近距离搬运及沉积期后的溶蚀改造是颗粒灰岩储层发育的主要过程。此外，在显微镜下还可观察到灰泥基质的溶解或重结晶现象（图3.3）。

2. BV组成岩作用特征

桑托斯盆地BV组盐下湖相碳酸盐岩储层成岩类型非常丰富，经历了球粒边缘泥晶化作用［图3.4（a）］、白云石化作用、溶蚀作用、硅化作用、重结晶作用［图3.4（b）（c）］、胶结作用［图3.4（d）（e）（f）］、压实压溶作用和去白云石化作用等成岩作用的改造，尤其是白云石化作用相对于ITP组介壳灰岩明显更广泛、更强烈。

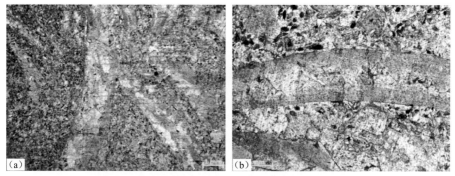

图 3.3 桑托斯盆地 ITP 组介壳灰岩灰泥基质重结晶

单偏光，5 300 m，S1 井

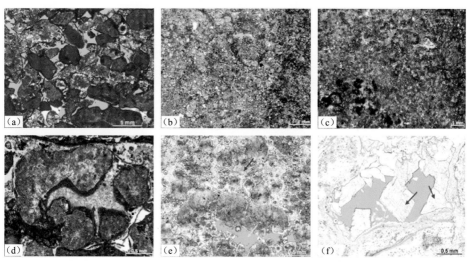

图 3.4 桑托斯盆地 BV 组成岩作用类型特征

（a）球粒外缘泥晶化，5 036 m，S6 井；（b）泥晶基质重结晶作用，5 326 m，S6 井；（c）球粒发生重结晶作用，5 181.5 m，S6 井；（d）方解石胶结物充填粒间孔，5 035.5 m，S6 井；（e）石英胶结物充填粒间孔和粒间溶孔，5 034.5 m，S6 井；（f）白云石胶结，5 042 m，S6 井

1）泥晶化

BV 组微生物灰岩泥晶化主要表现为球状微生物灰岩中球状颗粒边缘形成泥晶化的薄膜［图 3.4（a）］。

2）压实压溶作用

BV 组微生物灰岩压实作用主要表现在叠层石微生物灰岩和球状微生物灰岩中，乔木状、树枝状、灌木状叠层石和球粒呈点、线接触，见少量滑石-镁皂石缝合线，压实程度中等。

3）重结晶作用

BV 组重结晶作用主要表现为泥晶基质重结晶为细粉晶［图 3.4（b）］和球粒重结晶［图 3.4（c）］，主要发育在早成岩期。

4）三期白云石化作用

根据白云石晶粒大小，BV 组主要发育三期白云石化作用。

第一期早期白云石化作用主要形成微晶及粉晶它形、表面脏的白云石晶体，晶体细小、结构均一、晶形不好［图 3.5（a）］，形成于准同生期间。

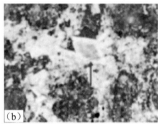

图 3.5　桑托斯盆地 BV 组三期白云石化作用特征

（a）第一期早期白云石，主要表现为微晶及粉晶它形，表面脏，单偏光，4 964.5 m，S1 井；（b）中期白云石，充填于粒间孔隙中，白云石较干净，部分具有雾心亮边结构，4 992.5 m，S1 井；（c）晚期鞍形白云石，具波状消光

第二期埋藏白云石化作用主要形成粉-细晶自形白云石晶体，晶体较粗、具雾心亮边结构、表面较脏或较干净、呈斑状或层状分布［图 3.5（b）］，主要形成于早成岩期间或中成岩早期阶段。

第三期热液白云石化作用主要形成鞍状白云石，晶体粗大、干净，晶形不好可呈弧形，一般具有波状消光［图 3.5（c）］，与火山作用相关的热液沿着断裂和不整合面白云石化形成其他热液矿物。

5）三期硅化作用

根据自生石英晶体大小及赋存状态，BV 组主要发育三期硅化作用。

第一期早期硅化作用往往发育规模较大，但石英晶体细小，一般呈泥晶大小，少量呈细粉晶大小，在层纹石中表现得尤其明显，主要沿层间微裂缝发育［图 3.6（a）（b）］，主要形成于准同生期。

第二期中期硅化作用，主要表现为选择性交代叠层石微生物灰岩中的生物格架或球状微生物灰岩中的球粒，呈粗粉-细晶大小［图 3.6（c）（d）］，主要形成于早成岩期或中成岩早期阶段。

第三期晚期硅化作用所形成的石英晶体粗大，一般为细晶大小，部分可达中晶［图 3.6（e）（f）］，通常充填粒间孔或粒间溶孔，为与火山作用相关的热液沿断裂运移后期的硅化作用。

6）三期溶蚀作用

根据孔隙的类型和伴生的胶结物特征，BV 组可能存在三期溶蚀作用，分别与三期白云石化作用和三期硅化作用对应。

第一期准同生期溶蚀作用（大气淡水溶蚀）为选择性溶蚀，主要形成于叠层石微生

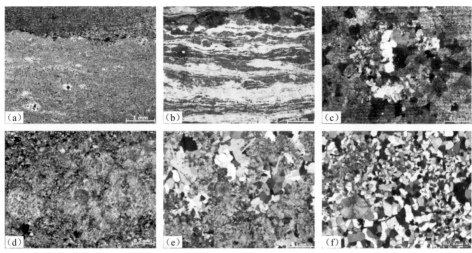

图 3.6　桑托斯盆地 BV 组三期硅化作用特征

（a）早期石英沿微裂缝分布，石英呈泥晶大小，正交偏光，4 963.2 m，S1 井；（b）早期石英沿层纹石微裂缝充填，石英呈
泥晶大小，单偏光，4 939.3 m，S1 井；（c）球粒硅化，石英呈细粉晶和粗粉晶大小，正交偏光，5 257.2 m，S1 井；（d）球粒
硅化，石英呈细粉晶大小，正交偏光，5 013.7 m，S1 井；（e）石英充填粒间孔，正交偏光，5 217.3 m，S1 井；（f）石英充
填粒间溶孔，正交偏光，5 024.4 m，S1 井

物灰岩中生物格架和球状微生物灰岩中球粒的粒内溶孔、铸模孔 ［图 3.7（a）（b）］，与
第一期白云石化和硅化作用相对应，与大气淡水沿不整合面的溶蚀相关。

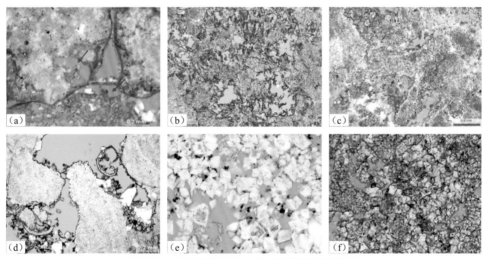

图 3.7　桑托斯盆地 BV 组三期溶蚀作用特征

（a）叠层石微生物灰岩中生物格架被溶蚀形成粒内溶孔，单偏光，5 264 m，S6 井；（b）叠层石微生物灰岩中生物格架被
溶蚀形成粒内溶孔，单偏光，5 237.30 m，S5 井；（c）叠层石微生物灰岩中生物格架间的粒间溶孔，单偏光，4 959.2 m，
S1 井；（d）叠层石微生物灰岩中生物格架间的粒间溶孔，单偏光，5 236.05 m，S5 井；（e）白云石晶间孔，5 242.5 m，
S5 井；（f）白云石晶间孔，单偏光，5 245 m，S1 井

　　第二期埋藏期溶蚀作用（有机酸溶蚀）主要形成于叠层石微生物灰岩中生物格架间
和球状微生物灰岩中球粒间的粒间溶孔和粒间溶（扩）孔 ［图 3.7（c）（d）］，与第二期

白云石化和硅化作用相对应，与早成岩期有机酸溶蚀相关。

第三期热液溶蚀作用主要形成白云石晶体间的晶间孔［图 3.7（e）（f）］，与第三期白云石化和硅化作用对应，与火山热液相关。

3.1.2　成岩相及成岩相组合特征

成岩相这一概念是由美国学者 Railsback（1984）提出的，成岩相是解决碳酸盐岩储层非均质性的重要途经。随后学者们对其进行了相关研究，取得了一定的进展（Maliva，2016；Awadeesian et al.，2015；Aleta et al.，2000）。陈彦华和刘莺（1994）把成岩相引入国内，定义为反映成岩环境的物质表现，即反映成岩环境的岩石学特征、地球化学特征和岩石物理特征的总和，并强调成岩相就是综合成岩环境与成岩产物。对于成岩相的概念，不同学者的表述不尽相同，虽然没有统一的定论，但基本上都认为其是对成岩环境、岩石颗粒、组构、胶结物和储集空间的综合反映。

1. 成岩相类型

通过 S1 井和 S2 井 BV 组薄片鉴定的结果，结合断裂体系发育特点，将研究区 BV 组微生物灰岩的成岩相划分为压实致密相、大气淡水溶蚀相、埋藏溶蚀相、热液溶蚀相、准同生云化相、埋藏云化相、热液云化相、硅化相。

（1）压实致密相：主要表现在致密的泥质球状微生物灰岩中。

（2）大气淡水溶蚀相：主要沿着 BV 组内部不整合面发育，选择性溶蚀叠层石微生物灰岩中的生物格架、沿层间溶蚀球状微生物灰岩中的球粒，形成较广泛的粒内溶孔和铸模孔，但储层的连通性较差［图 3.2（a）、图 3.7（a）（b）］。

（3）埋藏溶蚀相：多发育在球状微生物灰岩和叠层石微生物灰岩中，以滑石-镁皂石基质溶蚀为主，溶蚀孔洞多出现在颗粒边缘［图 3.7（c）～（f）］。

（4）热液溶蚀相：多发育于球状微生物灰岩和叠层石微生物灰岩中，以白云石晶间孔为主［图 3.7（e）（f）］。

（5）准同生云化相：晶粒为泥-粉晶级别，呈自形-半自形，主要沿层纹石微生物灰岩裂缝附近分布或充填于粒间孔中［图 3.5（a）］。

（6）埋藏云化相：晶粒较细小，直面，呈自形-半自形，晶粒间为点面接触、直面接触，以浅-中埋藏期交代成因为主，部分具雾心亮边结构，多沿着缝合线和压溶缝分布［图 3.5（b）］。

（7）热液云化相：以充填粒间孔、晶体粗大、干净、晶形不好、具有波状消光的鞍状白云石为特征［图 3.5（c）］，是局部储层致密的重要原因。

（8）硅化相：以石英胶结为特征，包括沿层纹石微生物灰岩裂缝附近分布的规模较大、晶体细小的早期硅化作用，选择性交代叠层石微生物灰岩中生物格架或球状微生物灰岩中球粒的中期硅化作用，以及充填粒间孔或粒间溶孔、晶体粗大的晚期硅化作用（图 3.6）。

2. 成岩相组合

综合多种成岩相类型，BV 组可以综合为三种成岩相组合（图 3.8、图 3.9）。BV 组不同岩石类型、不同微相类型与成岩相组合如表 3.1 和表 3.2 所示。在这些成岩相组合中，以胶结-溶蚀相组合对储层最为有利。

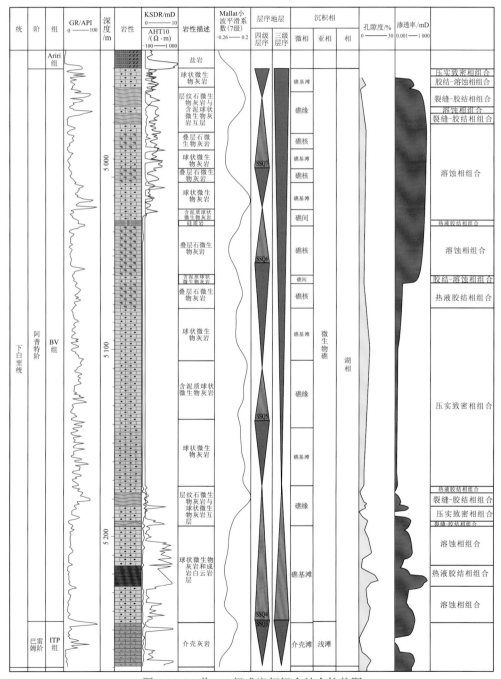

图 3.8　S1 井 BV 组成岩相组合综合柱状图

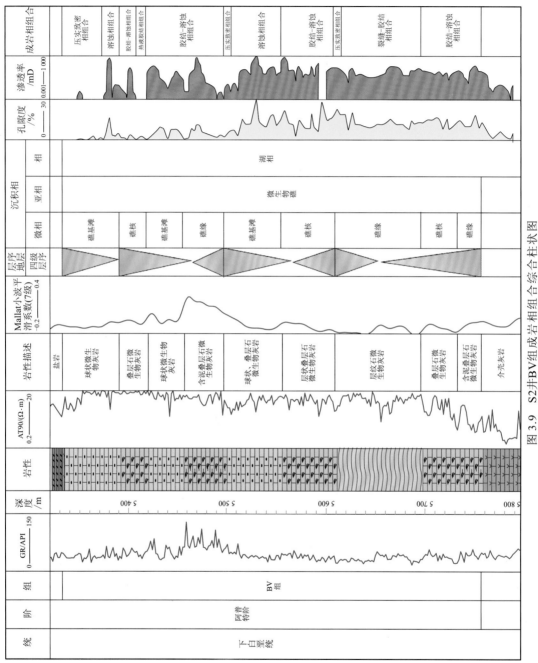

图 3.9　S2井BV组成岩相组合综合柱状图

表 3.1　桑托斯盆地 BV 组典型岩石类型与成岩相对比表

岩石类型	成岩相	成岩相组合
层纹石微生物灰岩	准同生云化相、硅化相	裂缝-胶结相组合、胶结-溶蚀相组合
球状微生物灰岩	压实致密相、大气淡水溶蚀相、埋藏溶蚀相、热液溶蚀相、准同生云化相、埋藏云化相、热液云化相、硅化相	压实致密相组合、胶结-溶蚀相组合、热液胶结相组合、溶蚀相组合
叠层石微生物灰岩	大气淡水溶蚀相、埋藏溶蚀相、热液溶蚀相、准同生云化相、埋藏云化相、热液云化相、硅化相	溶蚀相组合、胶结-溶蚀相组合、热液胶结相组合

表 3.2　桑托斯盆地 BV 组沉积微相与成岩相对比表

沉积相	亚相	微相	岩石类型	成岩相	成岩相组合
湖相	微生物礁	礁基滩	球状微生物灰岩	压实致密相、大气淡水溶蚀相、埋藏溶蚀相、热液溶蚀相、埋藏云化相、热液云化相、硅化相、准同生云化相	压实致密相组合、溶蚀相组合、热液胶结相组合、胶结-溶蚀相组合
		礁缘	层纹石微生物灰岩、含泥球状微生物灰岩、含泥叠层石微生物灰岩	压实致密相、大气淡水溶蚀相、埋藏溶蚀相、热液溶蚀相、准同生云化相、埋藏云化相、热液云化相、硅化相	压实致密相组合、裂缝-胶结相组合、胶结-溶蚀相组合、溶蚀相组合、热液胶结相组合
		礁核	叠层石微生物灰岩	大气淡水溶蚀相、准同生云化相、埋藏溶蚀相、热液溶蚀相、埋藏云化相、热液云化相、硅化相	胶结-溶蚀相组合、热液胶结相组合、溶蚀相组合
		礁间	含泥球状微生物灰岩		压实致密相组合、胶结-溶蚀相组合、热液胶结相组合

（1）压实致密相组合：主要发育于礁缘微相的含泥球状微生物灰岩中，粒间滑石-镁皂石未经溶蚀，储层致密，物性差。

（2）胶结-溶蚀相组合：胶结作用是导致研究区储层孔隙度降低的主要因素，但随着大气淡水、有机酸和热液等三期流体的侵入，在对已形成胶结物进行破坏的同时，又形成硅质、白云石和少量方解石等胶结物。在 BV 组礁核、礁基滩微相中广泛发育，具体岩石类型包括叠层石微生物灰岩、球状微生物灰岩和层纹石微生物灰岩。

（3）溶蚀相组合：主要发育于以礁基滩为主要微相类型、球状微生物灰岩为主要岩石类型时，或靠近隆起位置时（如 TUPI 高地）。

（4）热液胶结相组合：以较纯净的硅质岩和白云岩为特征，或发育于致密的叠层石微生物灰岩中。

（5）裂缝-胶结相组合：主要发育于礁缘微相的层纹石微生物灰岩中，胶结物主要沿着顺层微裂缝发育。

3. 成岩相平面展布特征

成岩相平面展布研究的基础是确定研究区的古地貌，一般来说，构造高部位水体较浅，碳酸盐岩沉积较厚，多受准同生期大气淡水的影响，同时这些部位多是由断裂作用形成的断垒，受到沿断裂运移的热液影响也强烈；而在构造低部位水体较深，沉积厚度较薄，受大气淡水影响较弱。

　　C 区发育"三凸两洼",东部地势最高,构造高部位的微生物礁水体较浅,沉积厚度较厚,受准同生期大气淡水影响和埋藏溶蚀、热液溶蚀明显,发育埋藏溶蚀相、准同生云化相、大气淡水溶蚀相、埋藏云化相、热液云化相等。而位于构造低部位的微生物礁水体较深,沉积厚度较薄,多发育压实致密相。因此,将成岩相与层序、构造古地貌结合,可有效提高成岩相展布预测识别的准确性。

　　均方根(root mean square,RMS)振幅属性可以很好地反映有效储集空间及有利物性的分布,包括微裂缝与溶蚀孔等多种储集空间。红色和黄色表示有利物性的分布区域,绿色和白色处表示储集性能相对较弱的分布区域。成岩相的平面展布还需借助于地震属性对储层的敏感性特征,将其沿层序界面进行平面投影,得到各层序界面的成岩相分布,进而结合 RMS 振幅属性,将这一分布展开到没有井控制的范围内,得到研究区的成岩相展布特征。

　　综合对层序格架内单井、连井成岩相的特征及构造古地貌、RMS 振幅属性分布特征的分析,可以得到桑托斯盆地 BV 组有利成岩相组合的平面展布图(图 3.10)。

图 3.10　桑托斯盆地 BV 组有利成岩相组合的平面展布图

微生物礁核和礁基滩、礁缘物性普遍较好。礁核以胶结-溶蚀相组合为主，礁基滩以球状微生物灰岩为主。当以溶蚀相组合为主时，物性才好；而当溶蚀作用不发育时，则物性差，为致密储层。同时，溶蚀相组合一般发育于东南部 TUPI 高地附近，由于暴露，大气降水淋滤作用强。礁间一般以压实致密相组合为主，储层物性较差。研究区的有利成岩相主要为胶结-溶蚀相组合及溶蚀相组合。

3.1.3　成岩演化特征

桑托斯盆地近岸低凹带内主体已进入生湿气-干气阶段，外部高地带受基底较浅与巨厚盐岩（约 2000 m）高热导率的双重影响处于成油主带内（白国平和曹斌风，2014；汪新伟 等，2013；熊利平 等，2013；Chang et al.，2008；Meisling et al.，2001；Yu et al.，1992）。

C 油田和 A 油田均是典型的近源成藏巨型油田，油气来自盐下裂谷期湖相烃源岩（包括盐下巴雷姆阶 PICA 组、ITP 组湖相页岩），烃源岩镜质体反射率 R_o（0.8%～0.9%）与地层温度（70～80℃）表明其热演化程度正处于成油主带内（图 3.11），属中等成熟阶段，处于生烃高峰阶段。油气性质为正常原油，GR 值为 25～30 API，与盐下烃源岩的热演化程度具有很好的匹配关系（康洪全 等，2016）。伴生的有机酸沿着不整合面和可渗透性岩石进入储层内部，形成粒间溶孔和粒间溶（扩）孔，进一步改善了储层。

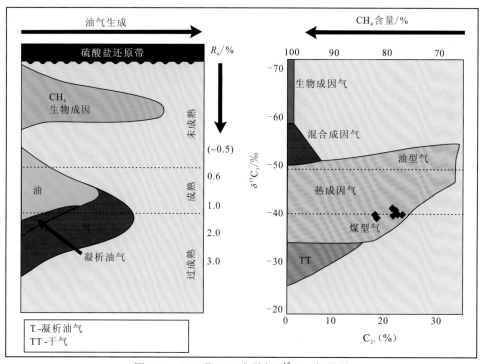

图 3.11　S21 井 CH_4 含量与 $\delta^{13}C_{CH_4}$ 相关图

从烃类演化阶段和有机质成熟度来判断，桑托斯盆地盐下湖相碳酸盐岩储层处于中成岩阶段。因此，桑托斯盆地 BV 组和 ITP 组盐下湖相碳酸盐岩储层的孔隙演化按成岩阶段可分为准同生期、早成岩期和中成岩期三期（图 3.12 和图 3.13）。

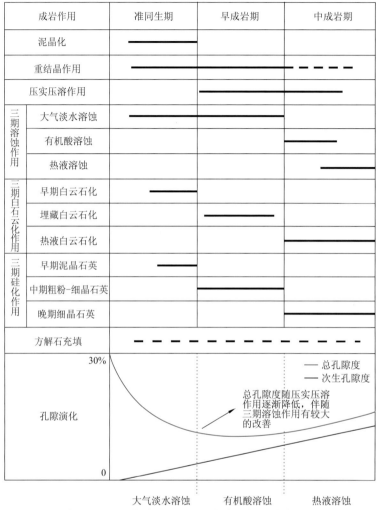

图 3.12 桑托斯盆地 BV 组成岩序列与孔隙演化图

沉积物离开沉积环境之后，进入准同生期，此时基质白云石化作用开始发生（主要与滑石-镁皂石溶蚀有关），灰泥基质和部分颗粒组分发生重结晶和新生变形作用，微晶石英沉淀，并且在脱离沉积环境后因上覆载荷增加使得压实作用开始启动。在此期间，随着各类成岩作用的启动，孔隙度由沉积时较为疏松多孔的 30% 逐渐降低；但此时发育的淡水淋滤作用溶蚀了球粒、介壳壳体等，形成较多的铸模孔和粒内溶孔（图 3.12 和图 3.13）。

在早成岩期，破坏性成岩作用强于建设性成岩作用，整体的成岩环境仍然以破坏性成岩作用为主，持续的压实作用使得孔隙空间严重减小，硅质对碳酸盐的交代、基质和颗粒的重结晶作用及胶结物对孔隙的充填都对储层物性起到破坏性作用，孔隙度持续降低。随着基质白云石化作用进一步加强，部分颗粒也发生了白云石化作用，在介壳灰岩中，近地表流体对介壳的组构选择性溶解开始形成铸模孔，一定程度上增大了孔隙度和渗透率。

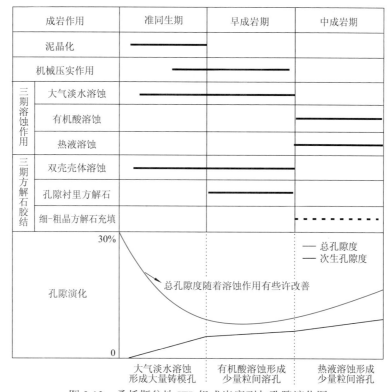

图 3.13　桑托斯盆地 ITP 组成岩序列与孔隙演化图

进入中成岩期，各类破坏性成岩作用可以影响的空间已经不大，而此时各类酸性流体（如埋藏热液、与烃类伴生的有机酸等）则开始形成或侵入储层，进行溶蚀。此时，本应由上覆载荷主导的压溶作用因为厚层盐岩的抵抗而并未对储层物性起到主要破坏作用，溶蚀作用作为主导，使得孔隙度逐渐升高。

对 BV 组微生物灰岩储层起到建设性作用的有白云石化作用和溶蚀作用，起到破坏作用的是硅化作用、重结晶作用、胶结作用、压实压溶作用和去白云石化作用，其中白云石化作用、溶蚀作用和硅化作用对储层的改造最为强烈。超过 80%的碳酸盐岩样品遭受了不同程度的白云石化作用（康洪全 等，2018c），对储层质量起到建设性作用，微生物灰岩的渗透率也有提高。溶蚀作用在碳酸盐岩中也具有普遍性，是非常重要的建设性成岩作用。超过一半的碳酸盐岩样品遭受了不同程度的硅化作用，对储层物性造成了明显的伤害。

BV 组广泛白云石化，并且发育阶段主要有三期白云石化作用（图 3.14），原因包括：①流体流动的通道，包括不整合面（ITP 组顶部及 BV 组内部）、可渗透性岩石、断层等；②未知的 Mg^{2+} 来源。因为 BV 组内部广泛发育富镁的滑石-镁皂石，滑石-镁皂石具有强烈的地球化学活性，进入埋藏期后易发生溶蚀，释放出大量的 Mg^{2+}，同时桑托斯盆地广泛发育的火山活动含有丰富的富镁成分，还有沿火山脊渗透进来的海水也富含 Mg^{2+}；③存在流体活动。准同生期有大气淡水、压实的孔隙水、沿火山脊渗透进来的海水等，早成岩期有沿火山脊渗透进来的海水、有机酸、热液等，中成岩期主要为与火山作用有关的热液。

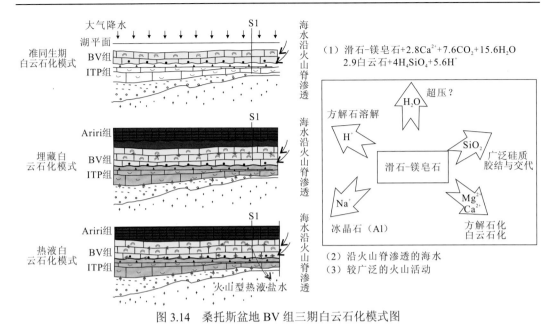

图 3.14　桑托斯盆地 BV 组三期白云石化模式图

　　盐下沉积强烈的非均质性成岩作用导致储层质量（渗透率和孔隙度）发生较大的纵向和横向变化。尽管沉积特征对成岩过程起到重要的控制作用，但目前盐下储层中存在的大多数孔隙是次生孔隙，尤其是 ITP 组介壳灰岩（康洪全 等，2018c；Tosca and Wright，2015）。白云石化、硅化、胶结、溶解和/或重结晶作用与构造和水力压裂有关，蚀变可能与同生期和埋藏过程中的热液流动有关（Herlinger et al.，2017；Poros et al.，2017；Luca et al.，2017）。许多学者给出了坎普斯盆地（Lepley et al.，2017；Luca et al.，2017；Alvarenga et al.，2016）和宽扎盆地（Teboul et al.，2019，2017）中主要与岩浆事件相关的热液活动的有力证据。由于资料所限，研究区 C 油田仅有三口井和 B 油田仅有一口井提供有限的薄片照片，本书中尚未涉及桑托斯盆地其他的热液矿物。

　　根据白云石胶结物、石英胶结物特征及孔隙特征，ITP 组和 BV 组分别发育三期溶蚀作用，分别伴随着三期硅化、三期白云石化作用。

　　ITP 组顶部和 BV 组内部存在不整合面，早期发育与暴露有关的同生期溶蚀，尤其是 ITP 组顶部储层，发育选择性溶蚀而成的铸模孔和粒内溶孔（图 3.15）。

　　碳酸盐岩矿床的热液蚀变是最近科学界广泛争论的话题（Davies and Smith，2006；Davies，2004；Machel，2004；Machel and Lonnee，2002）。一般来说，碳酸盐岩层序的热液蚀变涉及复杂的物理化学过程，与促进"不寻常"胶结物沉淀的热流体相互作用有关，包括鞍状白云石、萤石、重晶石、硬石膏、闪锌矿和黄铁矿（Neilson and Oxtoby，2008）。本书中鞍状白云石和细晶石英充填较常见，为与火山作用相关的热液沿着断裂和不整合面及可渗透性岩石溶蚀而成（图 3.15）。

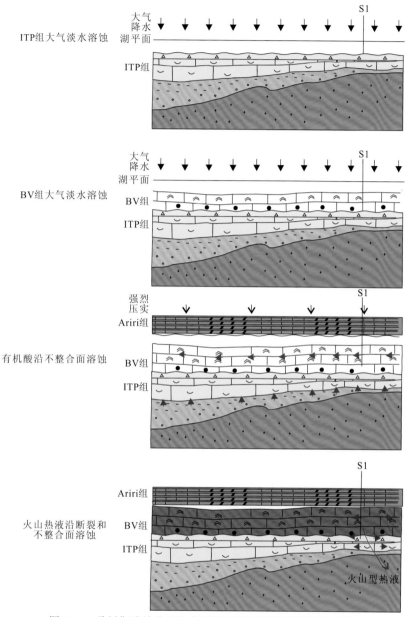

图 3.15　桑托斯盆地盐下湖相碳酸盐岩三期热液溶蚀示意图

　　同时，桑托斯盆地发育多种成因类型的岩浆岩，给油气勘探带来了挑战。随着桑托斯盆地盐下油气勘探的进行，越来越多的钻井揭示了盆地内岩浆岩的广泛存在，同时也有多口钻井因为钻遇岩浆岩或因岩浆岩对储层的影响而失利，岩浆岩发育与否成为决定研究区油气勘探成败的关键因素之一。

1. 岩浆岩的类型

通过对岩心及镜下薄片资料进行分析,桑托斯盆地岩浆岩可以划分为 5 种岩石类型,分别为花岗岩、玄武岩、闪长岩、辉绿岩和煌斑岩（表 3.3）。

表 3.3　桑托斯盆地岩浆岩的类型一览表

分区	井名	BV 组（厚度/m）	ITP 组（厚度/m）
C	S9	—	花岗岩（12.6）
	S10	—	玄武岩（11.9）
	S25	—	闪长岩（52.3）
B	S29	辉绿岩（43）	—
	S30	辉绿岩（3） 玄武岩（42.83）	玄武岩（312.54） 辉绿岩（83.6） 煌斑岩（2.9）
	S32	玄武岩（136）	
	S33	辉绿岩（24.1）	辉绿岩（41.3） 玄武岩（132）
	S34	辉绿岩（92）	
	S35	—	玄武岩（4）
	S39	辉绿岩（71）	
	S37	辉绿岩（68）	辉绿岩（1）
	S41	玄武岩（3.8）	—

与玄武岩有关的岩石类型较多（图 3.16）。玄武岩有块状玄武岩、杏仁状玄武岩、玄武碎屑岩和再沉积的玄武岩 4 种表现形式（程涛 等，2019）。玄武碎屑岩以玻璃质玄武岩碎屑被不同矿物胶结为特征，这类岩石是淬火破碎作用的产物，由在水下喷发环境中岩浆与水发生热冲击形成。玄武碎屑岩的碎屑为细粒，具有曲线形体和拼图结构。岩石为全玻璃质，可见蚀变的斜长石斑晶。基质由火山玻璃和不透明矿物组成。杏仁气孔常见但形状不定，气孔被次生矿物充填，岩石裂缝被碳酸盐岩、沸石和硫化物充填，碎屑被次生矿物胶结。再沉积玄武碎屑岩反映了玄武岩被搬运离开原地，以碎屑的散乱分布沉积为特征，岩石由杏仁状玄武岩、火山玻璃和被白云石胶结的碳酸盐岩颗粒的碎屑组成。

辉绿岩为全晶质到半晶质的细粒-中粒结构，且不等粒斑状结构到次无斑隐晶质结构，再到等粒隐晶结构。基本矿物组合为斜长石、少量橄榄石、辉石和火山玻璃，岩石遭受中等到强的蚀变，次生矿物多充填裂缝和杏仁孔或作为蚀变产物交代原始组分或玻璃质。

玄武岩及相关的玄武碎屑岩和再沉积的玄武岩代表了同沉积期喷发溢流成因；而花岗岩、闪长岩、辉绿岩和煌斑岩则代表了沉积期后侵入成因。

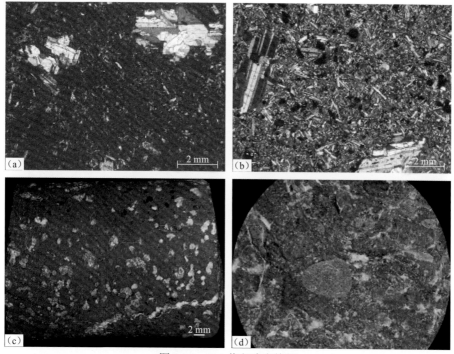

图 3.16　S11 井玄武岩特征

（a）隐晶玄武岩，含少量长石斑晶，4 901 m，正交偏光；（b）斑状玄武岩，斑晶为长石，5 015.5 m，正交偏光；
（c）斑状玄武岩，斑晶为长石，4 935 m，岩心照片；（d）玄武碎屑岩，砾石为玄武岩碎屑，4 906 m，岩心照片

2. 岩浆岩的分布

经统计桑托斯盆地范围内所有钻井的录井资料和岩心资料，发现 BV 组和 ITP 组都发育有岩浆岩，C 区块 BV 组发育岩浆岩的井位包括 S42 井、S15 井和 S26 井三口井，B 区块 BV 组发育岩浆岩的井位包括 S30 井、S29 井、S32 井、S33 井、S34 井、S39 井和 S37 井共 7 口井。C 区块 ITP 组发育岩浆岩的井位包括 S4 井、S9 井、S10 井、S15 井和 S25 井 5 口井，B 区块 ITP 组发育岩浆岩的井位包括 S30 井、S32 井、S33 井、S37 井和 S35 井 5 口井。可以看出 B 区块的火山作用更为发育。

3. 岩浆岩对储层的影响

桑托斯盆地 BV 组和 ITP 组同沉积期喷发溢流成因的玄武岩及相关的玄武碎屑岩和再沉积的玄武岩可能对盐下湖相碳酸盐岩的形成具有重要的作用。

（1）可能对球状微生物灰岩和叠层石微生物灰岩的形成有促进作用。Wright 和 Barnett（2015）、Lima 和 De Ros（2019）推测滑石-镁皂石沉积速率与球粒和簇状方解石的形成有密切关系（图 3.17）。当滑石-镁皂石凝胶快速沉淀时，方解石生长受到抑制，球粒方解石在滑石-镁皂石基质中成核；当滑石-镁皂石凝胶沉积速率降低或中止时，方解石生长受到的抑制作用减弱，形成与现代钙华无机成因相似的叠层方解石。据微生物灰岩厚度与岩浆岩厚度相关性图可以看出，岩浆岩与微生物灰岩呈正相关关系（图 3.18）。

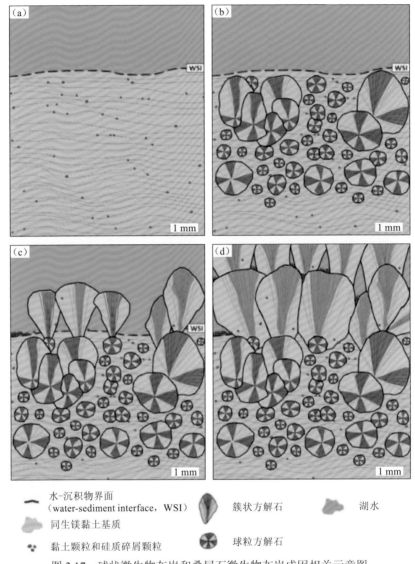

图 3.17 球状微生物灰岩和叠层石微生物灰岩成因相关示意图

(a) 同生富镁黏土的纹层状沉积,具分散的黏土颗粒和硅质碎屑颗粒;(b) 富镁黏土被球粒方解石部分交代和发生变形。不对称球粒方解石更靠近水-沉积物界面;(c) 沉淀于水-沉积物界面之上的非合并的簇状方解石集合体,具有集合体间生长骨架孔隙。黏土颗粒和硅质碎屑颗粒包含在一些丛生的集合体中;(d) 特征性的"旋回"表明,顶部为簇状方解石集合体的同生结壳。同生的富镁黏土基质在中部被球粒方解石交代,在底部被保存下来

火山作用在湖相碳酸盐岩的发育中起重要作用:①经常会促进与滑石-镁皂石和碳酸氢盐有关的高碱性环境的形成(Cerling,1994);②与之相关的湖泊以富含 Ca、Mg、SiO_2 和 HCO_3^{2-} 为特征,pH 常为碱性(Cerling,1994;Yuretich and Cerling,1983);③通常会发育滑石-镁皂石(Cerling,1994),是与水热和/或岩浆活动相关的高 pH 和 Mg 活性的产物。

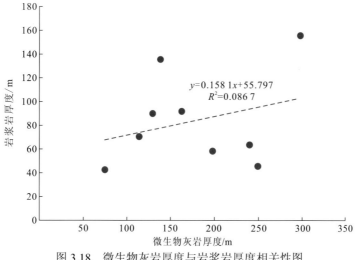

图 3.18　微生物灰岩厚度与岩浆岩厚度相关性图

（2）岩浆岩既是通道，又是流体来源。桑托斯盆地裂谷期发育的水下古隆起区紧邻盆地拗陷区，并伴生多条同向和反向正断层，为拗陷区有机酸、热液和油气向隆起高部位运移提供了通道，使古隆起区成为油气运移的最有利指向区（张金伟 等，2015；陶崇智 等，2013；熊利平 等，2013；范存辉 等，2012；梁英波 等，2011；朱毅秀 等，2011），同时与火山作用伴生的热液流体也是热液溶蚀的来源。

3.2　储层孔隙结构和物性特征

3.2.1　孔隙类型

ITP 组有利的介壳滩微相介壳灰岩及 BV 组微生物礁亚相微生物灰岩为两种截然不同的沉积类型，其孔隙特征也具有明显差异。

1. ITP 组孔隙类型

ITP 组储层类型主要为介壳灰岩，介壳灰岩储层的孔隙类型主要包括生物壳体遭受早期大气淡水选择性溶蚀形成的铸模孔（无论是在岩心还是在显微薄片中都非常明显）[图 3.19（a）（b）]、生物壳体和泥晶基质遭受非选择性溶蚀形成的溶孔和溶洞 [图 3.19（a）]、基质重结晶后形成的晶间孔和遭受胶结作用之后形成的残余粒间孔等 [图 3.19（c）]（康洪全 等，2018c）。

从孔隙成因上来讲，ITP 组以成岩作用对原始沉积颗粒、基质和原生孔隙的改造而形成的次生孔隙为主。

图 3.19　介壳灰岩的孔隙类型特征

（a）介壳灰岩的钻井岩心样品，可见大量的铸模孔，包括生物壳体遭受早期大气淡水选择性溶蚀形成的铸模孔及非选择性溶蚀形成的溶孔和溶洞；（b）介壳灰岩的显微照片，壳体铸模孔非常发育（从泥晶套边可以判断），单偏光，铸体薄片；（c）介壳灰岩的显微照片，壳体发育少量粒内溶孔，灰泥基质的重结晶和溶解作用，单偏光，铸体薄片

2. BV 组孔隙类型

BV 组微生物灰岩储层主要有三种岩石类型，不同岩石类型的孔隙特征也有所差别。叠层石微生物灰岩发育生物格架孔，但其孔隙往往受到后期改造而形成生物格架孔与粒间溶（扩）孔的孔隙组合。球状微生物灰岩富含滑石-镁皂石，往往由于粒间滑石-镁皂石的溶蚀而发育粒间溶（扩）孔。而层纹石微生物灰岩则主要发育微裂缝。

1）生物格架孔

生物格架孔主要由造礁的群体生物原地生长堆积构筑、成礁体格架中间的孔隙，孔隙的大小取决于造礁群体生物的骨架发育规模。BV 组生物格架孔主要发育于叠层石微生物灰岩的上下连续与左右连片生长的乔木状、树枝状和灌木状生长格架之间（图 3.20），叠层石微生物灰岩为优质的储层类型之一。

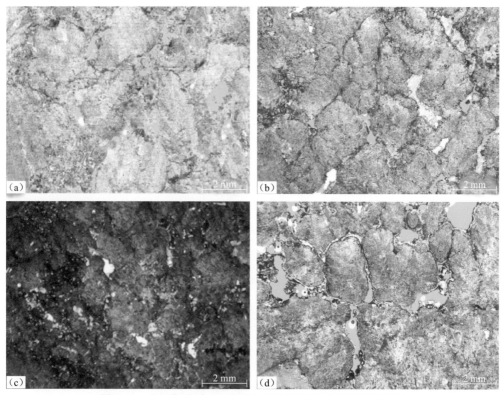

图 3.20　桑托斯盆地 BV 组微生物灰岩生物格架孔显微特征

（a）乔木状生长格架间发育生物格架孔，蓝色铸体充填，单偏光，5 300 m，S5 井；（b）灌木状生长格架间发育生物格架孔，蓝色铸体充填，单偏光，5 275.5 m，S5 井；（c）灌木状生长格架间发育生物格架孔，蓝色铸体充填，单偏光，5 580.65 m，S1 井；（d）灌木状生长格架间发育生物格架孔，蓝色铸体充填，单偏光，5 257.5 m，S5 井

2）粒间溶（扩）孔

叠层石微生物灰岩虽然发育较多的生物格架孔，但这些孔隙往往容易受到后期改造而形成粒间溶（扩）孔，进一步改善了储层的渗流条件（图 3.21），使得叠层石微生物灰岩构成生物格架孔与粒间溶（扩）孔的孔隙组合类型。

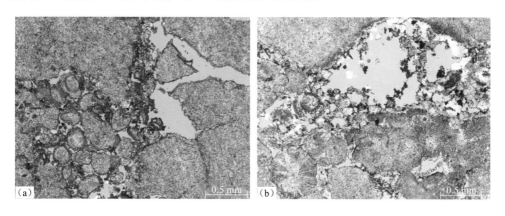

图 3.21　BV 组叠层石微生物灰岩的生物格架孔与粒间溶（扩）孔组合显微特征

（a）5 236.05 m，S5 井；（b）5 237.30 m，S5 井；（c）5 239.5 m，S5 井；（d）5 252 m，S5 井

（a）、（c）～（d）都为蓝色铸体薄片，单偏光，（b）为茜素红染色照片

而在球状微生物灰岩中，可以看到较干净、泥质含量较少的球粒间发育丝状的滑石-镁皂石残余，表明球粒间曾经充填了滑石-镁皂石，且这些黏土矿物由于其不稳定性在成岩期间发生较强烈溶蚀作用形成粒间溶孔（图 3.22），或者球粒之间的方解石基质因重结晶作用形成粒间溶孔，具体含量在实际操作时往往难以区分。

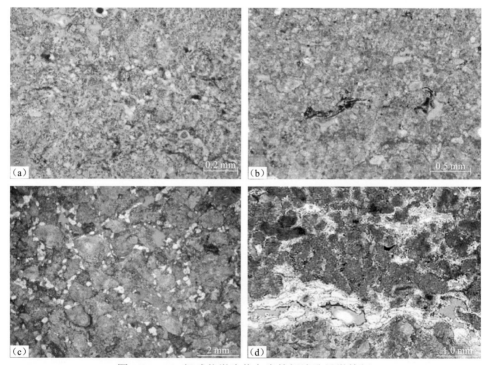

图 3.22　BV 组球状微生物灰岩粒间溶孔显微特征

（a）球状微生物灰岩，球粒间滑石-镁皂石发生了强烈溶蚀作用形成了粒间溶孔，此时仍残余有少量滑石-镁皂石，蓝色铸体，茜素红染色，单偏光，5 559 m，S1 井；（b）球状微生物灰岩，球粒间滑石-镁皂石发生了强烈溶蚀作用形成了粒间溶孔，此时局部可见残余的少量滑石-镁皂石条带，蓝色铸体，单偏光，5 578.35 m，S1 井；（c）球状微生物灰岩，球粒间滑石-镁皂石发生了强烈溶蚀作用形成了粒间溶孔，孔隙中充填少量白云石晶体，蓝色铸体，单偏光，5 195 m，3-RJS721 井；（d）球状微生物灰岩，后期球粒间孔隙沿孔壁充填硅质而使粒间溶孔进一步减小，蓝色铸体，单偏光，4 952.00 m，S1 井

3）粒内溶孔

粒内溶孔在叠层石微生物灰岩和球状微生物灰岩中都较常见，成因与 BV 组存在较强烈的三期溶蚀作用密不可分，主要表现在叠层石微生物灰岩生长格架内（图 3.23），球状微生物灰岩的球粒内部发生粒内溶蚀作用而形成粒内溶孔。

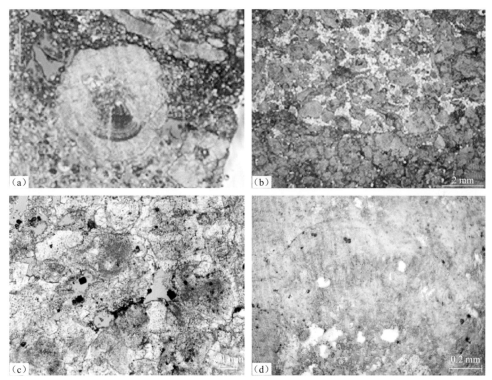

图 3.23　BV 组微生物灰岩粒内溶孔显微特征

（a）叠层石微生物灰岩，晶间孔非常发育，灌木状生长格架内发育粒内溶孔，5 473 m，S2 井；（b）叠层石微生物灰岩，生物格架孔较发育，灌木状生长格架内发育粒内溶孔，5 147 m，3-RJS721 井；（c）球状微生物灰岩，粒内溶孔非常发育，球粒内部溶蚀常见，部分形成铸模孔，5 213.8 m，S1 井；（d）叠层石微生物灰岩，灌木状生长格架内发育粒内溶孔，5 300 m，S5 井

4）晶间孔及晶间溶孔

晶间孔在叠层石微生物灰岩和球状微生物灰岩中都较常见，成因与 BV 组存在较强烈的三期白云石化作用和三期溶蚀作用密不可分。晶间孔主要表现为在叠层石微生物灰岩和球状微生物灰岩中广泛存在的白云石晶体之间的晶间孔（图 3.24）。

5）微裂缝

微裂缝在叠层石微生物灰岩和球状微生物灰岩中较少出现，但较常见于层纹石微生物灰岩中，粗细不等且经常顺纹层发育（图 3.25）。

由此可见，BV 组微生物灰岩孔隙类型多样，在这些孔隙类型中，各种孔隙类型含量有所差别，但总体上以生物格架孔、粒间溶（扩）孔最为发育。

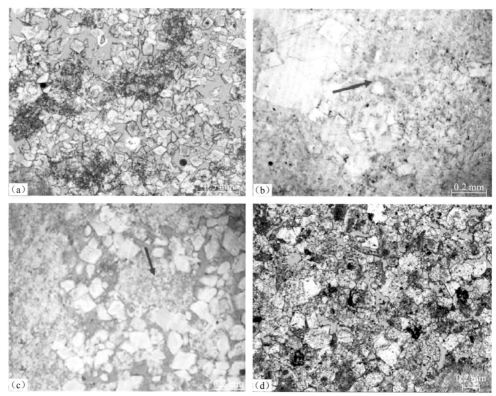

图 3.24　BV 组微生物灰岩晶间孔及晶间溶孔显微特征

（a）细晶、自形白云石晶体非常发育，部分白云石具雾心亮边结构，白云石晶间孔广泛存在，蓝色铸体，单偏光，5 268.5 m，S5 井；（b）方解石基质白云石化，自形白云石晶体以细晶和粉晶为主，被细-中晶方解石胶结，但后期可能发生溶蚀作用，发育少量晶间溶孔，蓝色铸体，单偏光，5 312 m，S5 井；（c）细晶、自形白云石晶体非常发育，白云石晶间孔广泛存在，蓝色铸体，单偏光，5 065 m，S6 井；（d）细晶、自形白云石晶体非常发育，白云石晶间孔广泛存在，蓝色铸体，单偏光，5 221 m，S1 井

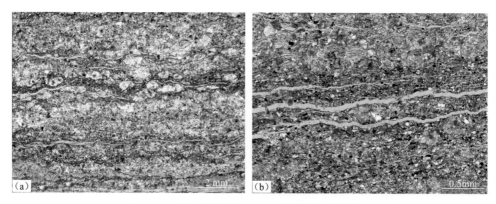

图 3.25　层纹石微生物灰岩中微裂缝的发育特征

（a）含较多球粒结构的层纹石微生物灰岩发育多条顺层微裂缝，5 467.00 m，S5 井；（b）含少量球粒结构的层纹石微生物灰岩发育多条顺层微裂缝，5 404.50 m，S5 井

康洪全等（2018c）认为微生物灰岩储层的孔隙类型以溶孔、晶间孔、粒间孔等次生孔隙和受过改造的原生孔隙为主。本书中次生孔隙在盐下湖相碳酸盐岩储层中占有相当比例的位置，但不同岩石类型的孔隙特征也有所差别。ITP 组介壳灰岩是以铸模孔、溶孔、溶洞及晶间孔的次生孔隙为主。BV 组叠层石微生物灰岩发育生物格架孔和粒间溶（扩）孔的组合类型，球状微生物灰岩以粒间溶（扩）孔为主，层纹石微生物灰岩则主要发育微裂缝。

3.2.2　孔隙结构特征

岩石的孔隙系统由孔隙和喉道两部分组成。孔隙为系统中的膨大部分，连通孔隙的细小部分称为喉道。油、气、水在储层复杂的孔隙系统中渗流时，要经历一系列交替的孔隙和喉道，但主要受流动通道中最小的截面（即喉道断面）的控制。喉道的大小、分布及其几何形状是影响储层储集流体（油、气、水）能力和渗透特征的主要因素，明确岩石的孔隙结构特征是发挥油气层的产能和提高油气采收率的关键。孔隙结构实质上是岩石的微观物理性质，它能够较深入而细致地揭示岩石的特征。特别是对于低渗透性岩石，仅利用孔隙度和渗透率有时无法正确评价储层的性质，必须研究岩石的孔隙结构。测定岩石孔隙结构的方法很多，目前较常用的有压汞法。压汞法是获得孔喉特征和孔喉分布的主要手段，是研究储层孔喉结构的经典方法。

1. 孔喉类型

喉道是流体流动时的运移通道，喉道越粗，流体越易流动，喉道越细越曲折，流体流动越困难。因此，喉道是岩石中流体运移能力及渗透率大小的主要控制因素。通过对 S5 井 17 件微生物灰岩样品压汞数据统计可得（表 3.4），微生物灰岩主要为以特小孔道、较细喉和中喉为主的中孔高渗、中孔中渗储层。样品的渗透性与平均喉道半径和孔喉中值半径呈正相关（图 3.26）。

表 3.4　S5 井压汞参数一览表

深度/m	有效孔隙度/%	绝对渗透率/mD	孔喉中值半径（R_{50}）/μm	平均喉道半径 R/μm	按孔隙度分类	按渗透率分类	按孔喉中值半径分类	按平均喉道半径分类
5 236.05	17.2	3 234.00	11.264	24.624	中孔	高渗	中孔道	中喉
5 236.75	15.1	871.00	2.734	15.770	中孔	高渗	特小孔道	中喉
5 237.30	14.2	311.00	0.686	10.139	中孔	高渗	特小孔道	中喉
5 238.40	13.1	46.60	2.376	8.532	中孔	中渗	特小孔道	较细喉
5 239.00	10.6	7.78	0.608	0.650	低孔	低渗	特小孔道	微细喉
5 240.60	10.9	2.70	0.812	0.852	低孔	低渗	特小孔道	微细喉
5 240.90	13.7	108.00	1.357	9.096	中孔	高渗	特小孔道	较细喉

深度/m	有效孔隙度/%	绝对渗透率/mD	孔喉中值半径（R_{50}）/μm	平均喉道半径 R/μm	按孔隙度分类	按渗透率分类	按孔喉中值半径分类	按平均喉道半径分类
5 241.95	13.4	35.30	3.027	7.169	中孔	中渗	小孔道	较细喉
5 243.4	14.4	28.30	2.103	8.662	中孔	中渗	特小孔道	较细喉
5 243.75	21.4	1 870.00	8.412	16.115	高孔	高渗	中孔道	中喉
5 244.35	10.5	4.93	0.974	5.930	低孔	低渗	特小孔道	较细喉
5 244.95	14.3	124.00	1.617	14.216	中孔	高渗	特小孔道	中喉
5 245.6	9.6	8.73	1.032	6.558	低孔	低渗	特小孔道	较细喉
5 250.1	9.2	21.30	4.181	12.070	低孔	中渗	小孔道	中喉
5 250.35	12.1	304.20	4.973	12.598	中孔	高渗	小孔道	中喉
5 253.0	14.6	80.72	1.315	6.769	中孔	中渗	特小孔道	较细喉
5 253.3	14.5	12.00	1.156	5.888	中孔	中渗	特小孔道	较细喉

注：1mD＝0.000 986 9 μm²

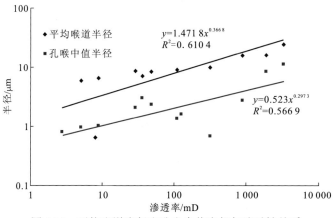

图 3.26　平均喉道半径和孔喉中值半径与渗透性关系

2. 孔喉结构类型

根据储层的压汞曲线图（图 3.27），以及《油气储层评价方法》（SY/T 6285—2011），将桑托斯盆地 BV 组微生物灰岩储层划分为 4 类（图 3.27）。

（1）高孔-高渗-中喉型：一般孔隙度 >20%，渗透率 >100×10⁻³ μm²，孔喉中值半径为 10～50 μm。该孔喉类型一般对应于叠层石微生物灰岩的粒间溶（扩）孔、生物格架孔及晶间溶孔非常发育时，或球状微生物灰岩粒间溶（扩）孔非常发育时，孔隙度和渗透率一般也较高，喉道以缩颈喉道为主。

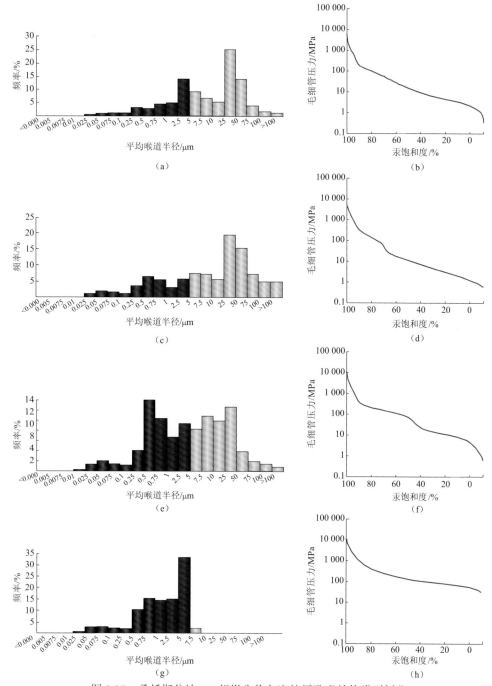

图 3.27　桑托斯盆地 BV 组微生物灰岩储层孔喉结构类型划分

（a）高孔-高渗-中喉型储层平均喉道半径分布直方图，孔隙度为 21.4%，渗透率为 1 870×10⁻³ μm²，平均喉道半径为 16.115 μm，5 243.75 m，S5 井；（b）高孔-高渗-中喉型储层的压汞曲线图；（c）中孔-高渗-中喉型储层平均喉道半径分布直方图，孔隙度为 17.2%，渗透率为 3 234×10⁻³ μm²，平均喉道半径为 24.624 μm，5 236.05 m，S5 井；（d）中孔-高渗-中喉型储层的压汞曲线图；（e）中孔-中渗-较细喉型储层平均喉道半径分布直方图，孔隙度为 13.1%，渗透率为 46.6×10⁻³ μm²，平均喉道半径为 8.532 μm，5 238.4 m，S5 井；（f）中孔-中渗-较细喉型储层的压汞曲线图；（g）低孔-低渗-微细喉型储层平均喉道半径分布直方图，孔隙度为 10.9%，渗透率为 2.7×10⁻³ μm²，平均喉道半径为 0.852 μm，5 240.6 m，S5 井；（h）低孔-低渗-微细喉型储层的压汞曲线图

（2）中孔-高渗-中喉型：一般孔隙度为 12%～20%，渗透率>100×10^{-3} μm^2，孔喉中值半径为 10～50 μm。该孔喉类型一般对应于叠层石微生物灰岩的粒间溶（扩）孔和生物格架孔非常发育时，或球状微生物灰岩粒间溶（扩）孔非常发育时，孔隙度和渗透率一般也较高，喉道以缩颈喉道为主。

（3）中孔-中渗-较细喉型：一般孔隙度为 12%～20%，渗透率为 10×10^{-3}～100×10^{-3} μm^2，孔喉中值半径为 5～10 μm。该孔喉类型一般对应于叠层石微生物灰岩的粒间溶（扩）孔和生物格架孔非常发育时，或球状微生物灰岩粒间溶（扩）孔较发育时，孔隙度和渗透率中等，喉道以缩颈喉道为主。

（4）低孔-低渗-微细喉型：一般孔隙度 4%～12%，渗透率为 1×10^{-3}～10×10^{-3} μm^2，孔喉中值半径<1 μm。该孔喉类型一般对应于叠层石微生物灰岩强烈胶结致使粒间溶（扩）孔和生物格架孔发育程度低或不发育时，或球状微生物灰岩粒间溶（扩）孔被滑石-镁皂石强烈胶结时，孔隙度和渗透率低，喉道以微细喉道为主。

3.2.3　物性特征

通过对 C 区块 BV 组 S1 井、S2 井和 S21 井三口井共 285 件微生物灰岩样品的孔渗数据进行统计：微生物灰岩孔隙度的最小值为 0.1%，最大值为 29.8%，平均值为 9.77%；渗透率最小值<0.001 mD，最大值为 1 530 mD，平均值为 58.43 mD。从桑托斯盆地 C 区块 BV 组孔隙度与渗透率分布直方图（图 3.28）中可以发现：微生物灰岩的孔隙度峰值主要分布在 4%～12%，分布较为集中，呈明显的单峰状，且与 S2 井和 S21 井孔隙度的集中范围相比，S1 井明显偏于<12%；渗透率峰值主要分布在 0.1～1 mD，其次为 1～10 mD，其中 S21 井渗透率分布范围在各级都有较均匀分布。因此，虽然桑托斯盆地 C 油田 BV 组盐下湖相微生物灰岩属于中、低孔-低渗储层，但其仍具有一定的非均质性。从 S1 井、S2 井和 S21 井三口井的孔隙度-渗透率相关性图上来看，孔、渗相关性好，属于孔隙型储层（图 3.29），但 S21 井存在部分裂缝性储层，这可能与该井存在较强的火山活动有关系。

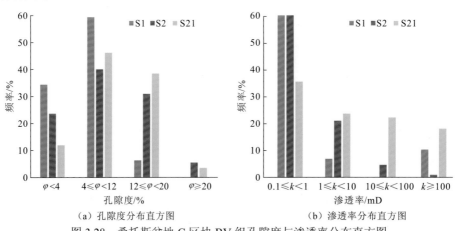

（a）孔隙度分布直方图　　　　　　　　　（b）渗透率分布直方图

图 3.28　桑托斯盆地 C 区块 BV 组孔隙度与渗透率分布直方图

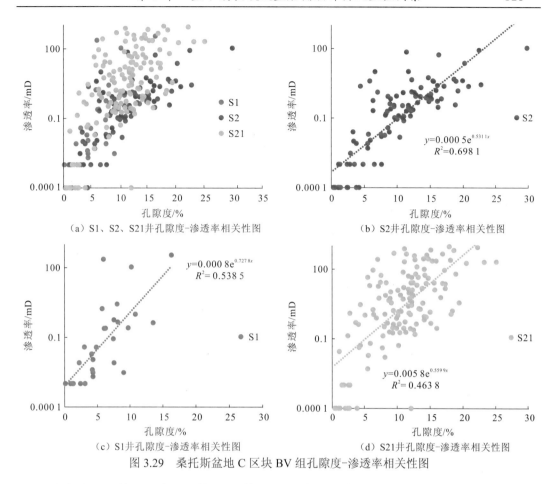

（a）S1、S2、S21井孔隙度-渗透率相关性图

$y=0.000\ 5\mathrm{e}^{0.531\ 1x}$
$R^2=0.698\ 1$

（b）S2井孔隙度-渗透率相关性图

$y=0.000\ 8\mathrm{e}^{0.727\ 8x}$
$R^2=0.538\ 5$

（c）S1井孔隙度-渗透率相关性图

$y=0.005\ 8\mathrm{e}^{0.559\ 9x}$
$R^2=0.463\ 8$

（d）S21井孔隙度-渗透率相关性图

图 3.29　桑托斯盆地 C 区块 BV 组孔隙度-渗透率相关性图

通过对 C 区块 ITP 组 S1 井、S2 井和 S21 井三口井共 38 件介壳灰岩样品的孔渗数据进行统计：介壳灰岩孔隙度的最小值为 0.2%，最大值为 12.5%，平均值为 4.6%；渗透率最小值＜0.001 mD，最大值为 2.31 mD，平均值为 0.13 mD。从桑托期盆地 C 区块 ITP组孔隙度与渗透率分布直方图（图 3.30）中可以发现：介壳灰岩的孔隙度峰值主要＜12%；

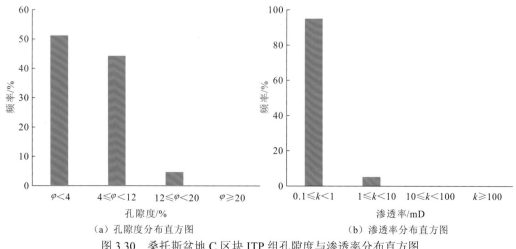

（a）孔隙度分布直方图

（b）渗透率分布直方图

图 3.30　桑托斯盆地 C 区块 ITP 组孔隙度与渗透率分布直方图

渗透率主要<1 mD。虽然桑托斯盆地 C 油田 ITP 组盐下湖相介壳灰岩属于低孔、特低孔-特低渗储层，但其仍然具有一定的非均质性。从 S1 井、S2 井和 S21 井三口井的孔隙度-渗透率相关性图上来看，孔、渗相关性好，仍属于孔隙型储层（图 3.31）。

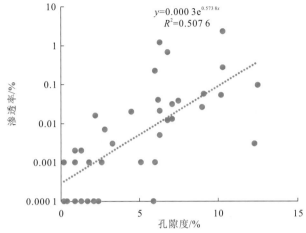

图 3.31　桑托斯盆地 C 区块 ITP 组孔隙度-渗透率相关性图

　　通过对 B 区块 ITP 组 S29 井 218 件介壳灰岩样品的孔渗数据进行统计：介壳灰岩孔隙度的最小值为 0.6%，最大值为 20.8%，平均值为 11.80%；渗透率最小值为 0.001 mD，最大值为 4 170 mD，平均值为 122.8 mD。从桑托斯盆地 B 区块 ITP 组孔隙度与渗透率分布直方图（图 3.32）中可以发现，介壳灰岩的孔隙度峰值主要<4%和≥20%，呈明显的双峰状；渗透率分布范围为 1～100 mD，以 10～100 mD 为主。桑托斯盆地 B 区块 ITP 组盐下湖相介壳灰岩属于高孔-中渗、特低孔-低渗型储层，并具有一定的非均质性。从 S29 井的孔隙度-渗透率相关性图上来看，孔、渗相关性好，属于孔隙型储层（图 3.33）。

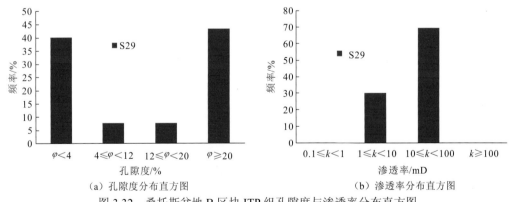

（a）孔隙度分布直方图　　　　　　　（b）渗透率分布直方图

图 3.32　桑托斯盆地 B 区块 ITP 组孔隙度与渗透率分布直方图

　　康洪全等（2018c）对桑托斯盆地物性特征进行过详细统计，认为微生物灰岩的孔隙度峰值主要分布在 5%～20%［图 3.34（a）］，渗透率统计直方图未显示出明显的峰值范围［图 3.34（b）］，属于高孔-高渗储层。介壳灰岩样品的孔隙度峰值主要分布在 10%～20%［图 3.34（c）］，渗透率为 10～100 mD 的样品占比为 40%，其他渗透率区间的样品

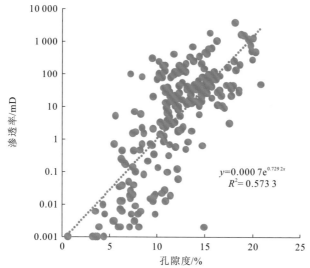

图 3.33 桑托斯盆地 B 区块 ITP 组孔隙度–渗透率相关性图

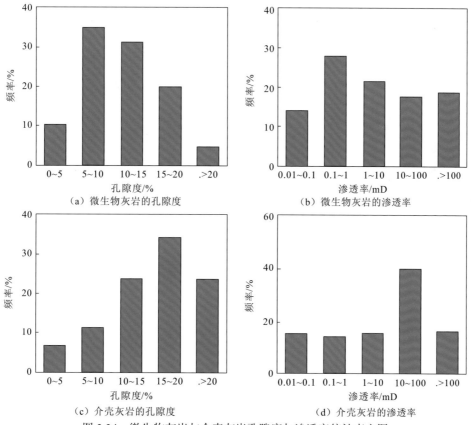

图 3.34 微生物灰岩与介壳灰岩孔隙度与渗透率统计直方图

所占比例基本在 15%左右 [图 3.34（d）]，属于高孔-高渗储层，但其仍具有一定的非均质性，尤其表现在储层渗透率的分布中。

通过对 C 区块 BV 组微生物灰岩、C 区块 ITP 组介壳灰岩、B 区块 ITP 组介壳灰岩的物性特征进行统计，BV 组孔隙度与渗透率要优于 ITP 组，B 区块介壳灰岩物性要优于 C 区块。

3.3　重点区储层综合评价

3.3.1　储层分类评价标准

根据储层的物性和孔隙结构资料，综合利用各种物性参数，主要参照中海石油（中国）有限公司类似储层分类评价的标准，将桑托斯盆地 ITP 组和 BV 组储层划分为 4 类：I 类储层、II 类储层、III 类储层、IV 类储层（表 3.5）。

表 3.5　桑托斯盆地 ITP 组和 BV 组储层分类评价标准

项目		I 类储层（好储层）	II 类储层（中等储层）	III 类储层（差储层）	IV 类储层（非储层）
物性	孔隙度/%	$\varphi \geqslant 20$	$12 \leqslant \varphi < 20$	$4 \leqslant \varphi < 12$	$\varphi < 4$
	渗透率/mD	$k \geqslant 100$	$10 \leqslant k < 100$	$1 \leqslant k < 10$	$k < 1$
孔隙结构参数	平均喉道半径 $R/\mu m$	$R \geqslant 50$	$10 \leqslant R < 50$	$5 \leqslant R < 10$	$1 \leqslant R < 5$
	孔喉中值半径 $R_{50}/\mu m$	$R_{50} \geqslant 25$	$15 \leqslant R_{50} < 25$	$5 \leqslant R_{50} < 15$	$3 \leqslant R_{50} < 5$
孔隙结构类型		高孔-高渗-中喉型	中孔-高渗-中喉型	中孔-中渗-较细喉型	低孔-低渗-微细喉型
孔隙组合类型		粒间溶（扩）孔/生物格架孔-溶孔溶洞型	粒间溶（扩）孔/生物格架孔-溶孔型	粒间溶（扩）孔/生物格架孔型	粒间溶（扩）孔/生物格架孔型
岩性	BV 组	叠层石微生物灰岩、球状微生物灰岩	叠层石微生物灰岩、球状微生物灰岩	叠层石微生物灰岩、球状微生物灰岩、含泥质球状微生物灰岩	叠层石微生物灰岩、球状微生物灰岩、泥质球状微生物灰岩
	ITP 组	介壳灰岩	介壳灰岩	介壳灰岩	介壳灰岩
主要成岩作用类型		溶蚀作用	溶蚀作用、弱白云石化作用、弱硅化作用	弱白云石化作用、弱硅化作用	弱白云石化作用、弱硅化作用

3.3.2　有利储层评价

为把握储层纵横向分布规律，将 5 口参加储层评价的钻井纳入对应的古地貌位置，绘制不同类型储层在连井层序格架及古地貌中的分布图（图 3.35）。

1. 横向分布规律

1）BV 组

在古地貌方面，I、II 类优质储层主要发育于凸起、低凸或 TUPI 高地西北边缘坡折，以位于凸起的 S14 井最为发育；其次为位于 TUPI 高地西北缘坡折的 S11 井及 S9 井；位于 C 区块北东的 S2 井储层以 III 类为主，该井所处古地貌为水体能量相对较低的斜坡；位于高能洼地的 S23 井储层最不发育，仅发育 10 m IV 类储层。

在相带方面，BV 组优质储层主要发育在叠层石微生物礁礁核部位，如 S14 井，岩性以叠层石微生物灰岩为主；其次发育在部分礁基滩或礁缘中，如 S11 井，岩性以叠层石微生物灰岩为主，其次为球状微生物灰岩，礁间或泥灰坪中优质储层一般不发育。

从横向变迁规律上看，优质储层发育具有阶梯状特点，如 SSQ4 层序在凸起区发育优质储层（S14 井）；但在 SSQ5 层序，TUPI 高地西北边缘坡折优质储层更为发育（S9 井）；SSQ6、SSQ7 层序，更靠近 TUPI 高地的西北边缘坡折区域优质储层发育（S11 井），尚未发现同一层序不同古地貌部位礁体及优质储层发育程度相当的情况。结合国内外微生物礁发育情况调研，优质储层主要发育在古地貌高地位置，微生物礁相对繁盛的第一排礁中。例如，SSQ4 层序 S14 井微生物礁最为发育，该井区靠 TUPI 高地一侧，受第一排礁阻挡，微生物礁发育程度降低，沉积礁间石灰岩，即使有礁体沉积，由于水体能量减小，泥质含量可能增加，物性变差。当然，这一现象是否在桑托斯盆地普遍存在，还需要更多钻井资料及地震资料综合分析确认。

2）ITP 组

在古地貌方面，I、II 类优质储层主要发育于凸起或低凸，以位于凸起的 S14 井最为发育；其次为缓坡，如位于 TUPI 高地西北缘的 S9 井；高能洼地的 S23 井也发育 II 类储层，该储层位于 ITP 组底部层序，分析该时期 S23 井为缓坡沉积，后期水体加深，虽然也发育介壳灰岩，但物性变差。

在相带方面，ITP 组优质储层主要发育在介壳滩中，如 S14 井，岩性以介壳灰岩为主，部分为含泥质介壳灰岩；其次发育在部分生屑滩沉积的砂岩中，如 S14 井，浅湖泥中储层一般不发育。

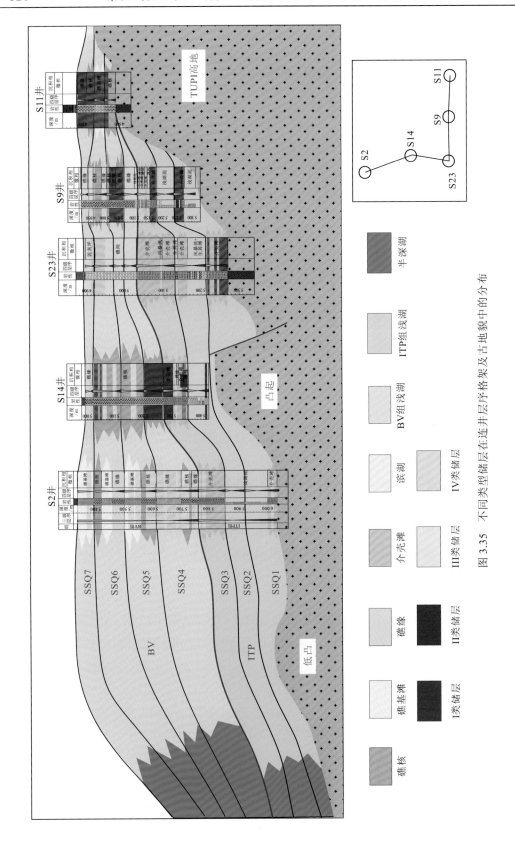

图 3.35 不同类型储层在连井层序格架及古地貌中的分布

2. 纵向分布规律

1) BV 组

从各层序储层发育特征看，晚期层序较早期层序 I 类、II 类优质储层更为发育，SSQ5～SSQ7 层序 II 类、III 类储层普遍较为发育（S14 井、S9 井、S11 井），SSQ4 层序仅在 S14 井发育优质储层；从四级层序中储层发育程度差异上看，湖侵及高位期均发育储层，相对而言，高位期储层更为发育，例如 S14 井、S9 井的 SSQ6 层序及 S11 井 SSQ5 层序高位期储层较湖侵期更为发育。

2) ITP 组

从各层序储层发育特征看，早期 SSQ1 层序及晚期 SSQ3 层序优质储层相对发育，最大湖侵期沉积的 SSQ2 层序储层发育程度明显降低，仅在 S14 井生屑滩中砂岩发育薄储层（图 3.35）；从四级层序中储层发育特征上看，湖侵及高位期均有发育储层，储层发育差异性不明显；从纵向上储层发育程度差异上看，ITP 组顶部层序储层普遍较为发育，4 口 ITP 组发育的井中，3 口井（S23 井、S14 井、S9 井）在顶部均发育储层，分析可能与 ITP 组沉积末期破裂不整合面溶蚀改造有关。

3.4　储层发育主控因素

桑托斯盆地盐下湖相碳酸盐岩储层原始沉积物质类型多样，储层经历复杂的构造沉积演化及成岩成储过程，基底构造运动影响古地貌，从而影响沉积环境、水体性质，导致岩石学特征多样。后期埋藏过程中的构造断裂运动及流体改造影响储集空间变化。故本节提出桑托斯盆地盐下湖相碳酸盐岩"古构造、古水体、成岩相"三元控储的储层成因机理新认识。

3.4.1　古构造控制下的古地貌背景

古构造对储层发育的控制作用主要体现在以下两方面。

（1）古构造控制古地貌，从而控制原生沉积相带的展布。在桑托斯盆地盐下湖相碳酸盐岩储层中，优势储层具有明显的相控特征（表 3.6）。BV 组为蒸发背景下微生物礁亚相沉积，优质储层主要发育于微生物礁核、礁基滩和礁缘环境，礁间相对不发育，以叠层石微生物灰岩、球状微生物灰岩为代表，层纹石微生物灰岩次之。ITP 组主要为一套浅滩亚相沉积，优质储层主要发育于介壳滩微相中，岩性以介壳灰岩为主。

表 3.6 桑托斯盆地盐下湖相碳酸盐岩储层不同微相的孔隙度统计表

井位	层位	微相	深度/m	孔隙度范围/%	孔隙度平均值/%
S9 井	BV 组	礁缘	4 917~4 940	0.1~16.14	7.03
		礁核	4 941~4 989	0.1~13.74	4.47
		礁缘	4 990~5 010	0.1~9.23	2.18
		礁核	5 011~5 017	0.1~15.41	7.34
		礁核	5 018~5 025	13.79~22.05	16.85
		礁缘	5 026~5 040	13.38~20.77	15.91
		礁核	5 041~5 066	10.83~30.19	16.76
		礁间	5 067~5 103	0.1~13.49	2.40
		礁基滩	5 111~5 119	0.42~16.14	7.21
		礁基滩	5 126~5 131	6.40~12.24	9.88
		礁基滩	5 137~5 145	3.50~17.05	7.99
		礁基滩	5 156~5 179	0.1~20.78	15.46
		礁基滩	5 266~5 275	2.19~23.16	12.50
S11 井	BV 组	礁缘	4 791~4 815	3.46~19.92	13.73
		礁核	4 816~4 831	12.92~20	18.79
		礁缘	4 832~4 861	0.76~19.85	14.38
		礁核	4 862~4 891	0.1~19.49	6.00
S23 井	BV 组	礁间	4 895~4 920	0.1~11.05	4.65
		礁间	4 921~4 925	1.21~13.50	8.42
		滩间	4 926~5 000	0.1~13.25	2.50
		礁间	5 001~5 030	0.1~4.36	0.59
	ITP 组	介壳滩	5 031~5 090	0.1~5.86	0.61
		内碎屑滩	5 091~5 095	0.1~1.02	0.78
		介壳滩	5 096~5 130	0.1~0.89	0.15
		介壳滩	5 131~5 140	0.1~0.96	0.33
		介壳滩	5 141~5 165	0.1~0.96	0.20
		介壳滩	5 166~5 215	0.1~27.21	1.66
		介壳滩	5 216~5 270	0.1~29.43	11.80

（2）构造运动导致地层暴露，发生以溶蚀为主的储层建设性成岩作用。桑托斯盆地盐下湖相碳酸盐岩沉积期及沉积后发生多次构造运动，主要有三次，分别发生在 ITP 组沉积后、BV 组 SSQ5 层序沉积后和 BV 组沉积后。其中，ITP 组沉积期后存在剥蚀作用，形成了明显的破裂不整合面，不整合面地层长期暴露，较长时间与地表水沟通，淡水淋滤作用较强，原生孔隙易于保留，发育粒内溶孔、粒间孔和铸模孔，甚至形成溶缝或晶洞。从 C 区块 5 口井储层识别及评价结果看，ITP 组顶部介壳滩储层物性普遍较好，S14 井发育 I 类储层；BV 组在 SSQ4 层序顶部 S14 井发育 I 类储层，在 SSQ7 层序顶部，S11 井发育 II 类储层，表明构造运动带来的地层暴露对储层物性有明显的促进作用。

武静等（2019）认为古地貌高地低与礁滩暴露长短有一定对应关系：古构造高地或凸起区，礁滩容易长期暴露，利于准同生期淡水淋滤作用发生；古构造斜坡及洼地中的高能斜坡区，礁滩短期暴露，受大气水成岩环境影响有限，无明显的岩溶特征，以选择性溶解和早期淡水胶结作用为主；古构造洼陷及斜坡低部位，礁滩区无明显暴露或在高位期有短时间暴露，储层的溶蚀改造作用弱，虽然该相带沉积厚度较厚，但储层厚度薄。C 区块古地貌较高的 S14 井储层总体较高能斜坡区的 S2 井储层更为发育，也充分说明了古构造对储层发育的控制作用。

3.4.2 古水体性质

古水体性质决定礁滩储层的空间分布，主要体现在以下两个方面。

（1）古水体盐度。古水体性质对岩石类型及礁滩储层空间展布有明显影响，其中古水体盐度是关键因素。古水体性质的变化导致了 ITP 组和 BV 组两类不同生物灰岩成滩成礁过程与展布规律的差异，ITP 组以机械成因为主，具有机械搬运沉积成岩成储的特点；而 BV 组以生物成因为主，具有原地生长成岩成储的特点，礁滩储层的空间展布规律有明显差异。

（2）古水深。古水深较小、水动力较强的滨浅湖地带有利于滩相的形成。ITP 组介壳灰岩发育的古水深范围较大，可能对应于 3～32 m、湖泛面和最大浪基面之间有利于碳酸盐岩介壳滩微相沉积的水深；BV 组微生物礁亚相沉积主要发育在 20～25 m 浅水内。

3.4.3 建设性成岩相

建设性成岩相进一步促进优质储层的发育。

溶蚀作用的发生需要流体和通道条件。早成岩期间，构造运动导致的地层暴露主要有三次，选择性溶蚀形成铸模孔和粒内溶孔，导致以溶蚀为主的储层建设性成岩作用发生。埋藏成岩期间，深埋断层系统、不整合面（ITP 组顶部、BV 组内部）、与古隆起相伴的同向和反向正断层及可渗透性岩石，为拗陷区有机酸、热液和油气向隆起高部位运移提供了通道，并使可渗透性岩石形成了粒内溶孔和粒间溶（扩）孔，储层物性得到进一步改善。

第4章 盐下湖相碳酸盐岩优势相带分布预测

4.1 古地貌精细刻画与特征

古地貌是控制盆地沉积的主导因素，约束盐下湖相碳酸盐岩的发育与分布。若能准确地恢复各等时界面原始沉积时期的古地貌格局，对了解盐下湖相碳酸盐岩沉积模式及分布规律具有重要指导意义。本节充分利用研究区内三维地震资料，在层序划分的基础上，通过井震结合分析主要目的层在各区块沉积期古地貌的分布特征。

4.1.1 沉积期古地貌精细刻画

1. 古地貌恢复技术方法

古地貌恢复是在地震层序对比解释的基础之上，采用残厚法或印模法等方法，恢复地层沉积时的古地貌，进而达到还原原始沉积环境的目的。具体的技术手段包括层拉平、沿层切片及属性分析等（陈宗清，2008；王成善 等，1999）。

层拉平是三维地震解释中常用的一种方法，在古地貌恢复过程中，对地震剖面进行层拉平主要为了消除后期构造作用引起的地层形变，恢复地层沉积时的地貌情况，进而对主要沉积单元古地貌、沉积环境及其演化过程进行分析。

拉平参考层位的选择是层拉平技术恢复古地貌的关键。对某一地层进行古地貌恢复时，首先需要寻找一个填平补齐面，其地震反射特征清晰、易于追踪，其次该界面还应与被恢复层位经历相同的构造运动，即选取大规模构造运动之前的填平补齐面作为古地貌恢复参考面最理想。

区域沉积相分析表明，BV 组沉积末期，研究区在湖盆的沉积格局基本消失，逐渐形成以蒸发台地或潮坪等浅水沉积为主的沉积环境，区域地貌趋于填平补齐。通过已有钻井资料分析，该区 BV 组顶界至各层序顶界厚度能较好反映湖相的古地貌格局，湖盆边缘各级台阶（台缘带）地层厚度减薄区为 BV 组或 ITP 组礁滩体发育的有利部位。从区内地震剖面也可以看出，BV 组顶界为一组强振幅反射，发育平行-亚平行反射结构，表明当时沉积环境较稳定，地层厚度横向变化小。BV 组之上发育大套膏盐岩地层，沿 BV 组顶界拉平后，能很好地消除 BV 组沉积后构造运动的影响，达到近似恢复 BV

组、ITP 组主要地层单元古地貌的目的。因此，本小节选取 BV 组顶界作为参考面，对地震剖面进行层拉平以消除后期构造运动引起的地层形变，恢复研究区主要目的层的古地貌变化（图 4.1～图 4.3）。

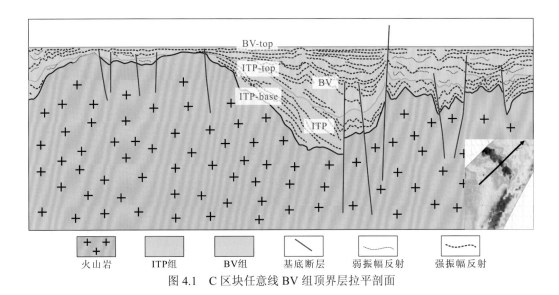

图 4.1　C 区块任意线 BV 组顶界层拉平剖面

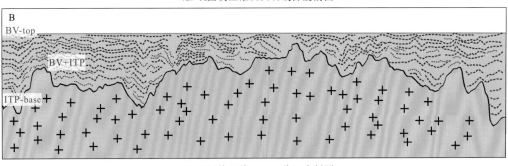

（a）A区块三维T83603线深度剖面

（b）A区块三维L28100线深度剖面

图 4.2　A 区块 BV 组顶界层拉平剖面

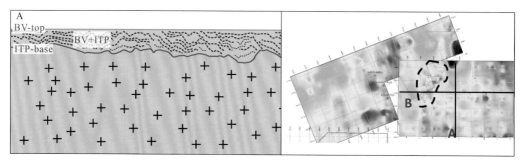

（a）B区块三维主测线深度剖面

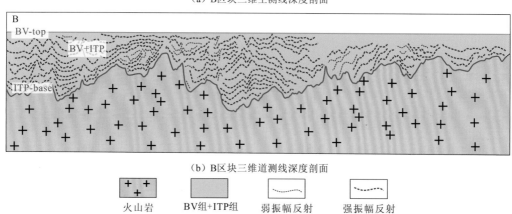

（b）B区块三维道测线深度剖面

火山岩　　BV组+ITP组　　弱振幅反射　　强振幅反射

图4.3　B区块BV组顶界层拉平剖面

2. 三个区块古地貌精细刻画

结合BV组、ITP组古地貌划分标准，以层拉平技术为主要手段，重点对研究区C、A及B三个区块分别开展古地貌精细刻画工作，明确各区块主要目的层古地貌特征。

通过区域构造及演化特征分析，研究区ITP组沉积前形成的基底断裂，在BV组沉积期进一步活化，控制了该区断陷湖盆的形成与演化，对盆地结构有较大的影响。断陷湖盆边缘的古地貌高地或坡折带为BV组礁相储层、ITP组滩相储层发育的有利区，进而控制了礁滩发育的主要范围。

图4.4和图4.5为A、B及C三个区块连井地震剖面，层拉平前该剖面（图4.4）可以反映基底断裂及继承性隆起基底对盆地格局的控制作用，但无法表达沉积期古地貌的特征（图4.4），通过层拉平后（图4.5）三个区块沉积格局清晰。根据BV组、ITP组古地貌划分标准，可在地震剖面上进一步识别出凸起、低凸、缓坡、陡坡及洼陷等次一级地貌单元。BV组与ITP组古地貌格局具有一定继承性，但差异性也较为明显，即ITP组沉积期湖盆整体水深较浅，地貌相对平缓；BV组沉积期湖盆内部断裂持续拉张，湖盆水体持续加深，湖盆规模变大，导致同一井区、不同地层，古地貌有一定继承性，但也有差异性（图4.6）。

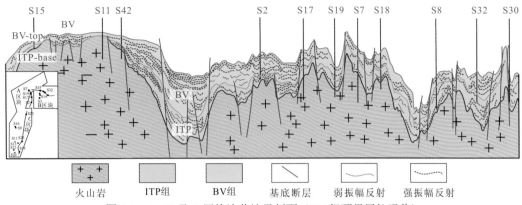

图 4.4　A、B 及 C 区块连井地震剖面（BV 组顶界层拉平前）

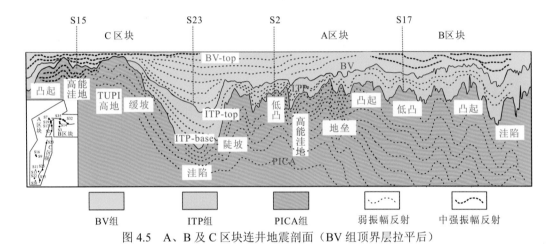

图 4.5　A、B 及 C 区块连井地震剖面（BV 组顶界层拉平后）

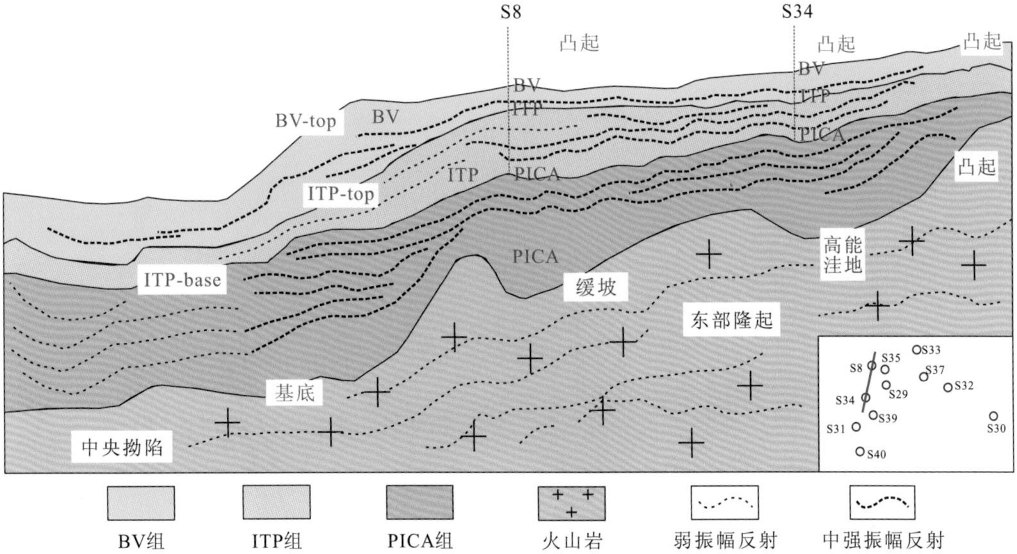

图 4.6　B 区块古地貌划分结果

由此可见，以 BV 组顶界为参考面，通过编制 BV 组关键层序界面的地层厚度图可以恢复各主要目的层的沉积地貌格局。图 4.7 为 B 三维区 ITP 组沉积前古地貌图，通过三维可视化显示可以精细刻画 ITP 组沉积前的古地貌特征。平面上 B 区块古隆起与洼陷特征明显，洼陷规模相对较小，仅 S29 井东北局部地区洼陷地层较厚，其余区域均以凸起、低凸及高能洼地等古地貌为主，如 S29 井、S39 井及 S35 井位于凸起区，S31 井位于凸起与高能洼地过渡带，S32 井位于高能洼地区，凸起与低凸之间的 S34 井、S33 井发育局部洼地。

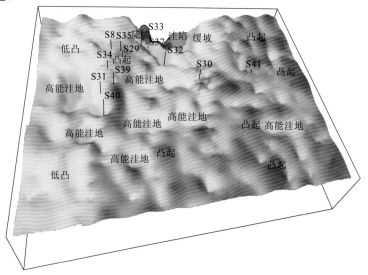

图 4.7　B 三维区 ITP 组沉积前古地貌图

A 区块洼陷分布在北东区域，该区钻井资料相对较少，大部分钻井位于凸起区，如 S17 井、S18 井及 S19 井均位于凸起区，凸起与低凸之间发育局部洼地，区内无实钻井钻遇该类古地貌单元（图 4.8）。

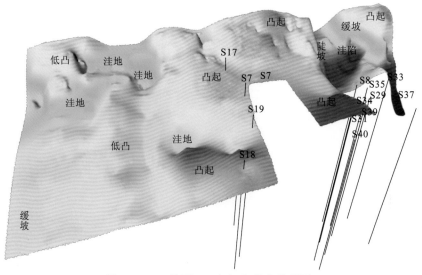

图 4.8　A 三维区 ITP 组沉积前古地貌图

4.1.2　重点区沉积期古地貌特征

C区块是本书的重点区域，在宏观古地貌格局研究的基础上，依据地层厚度、坡度、地震反射结构等参数，在该区识别出凸起、低凸、缓坡、陡坡及洼陷等古地貌单元。

图4.9为C区块连井地震剖面，地震剖面（a）为过S13—S1—S26井的近东西向地震剖面，该剖面横跨TUPI高地、凸起、低凸、缓坡、陡坡及洼陷等不同古地貌单元，其中TUPI高地地层倾角低于2.5°，缺失ITP组，BV组地层厚度小于80 m，地震反射结构具平行-亚平行反射特征，S26井钻遇该古地貌单元；S1井、667A井分别钻遇凸起及低凸古地貌单元，该区域地层倾角为3°～10°，BV组或ITP组平均地层厚度小于350 m，地震反射结构具有上超、亚平行特征；陡坡位于TUPI高地东侧，地层倾角为13°，BV组或ITP组地层厚度一般小于600 m，地震反射结构具典型上超、发散反射特征；洼陷区位于该剖面东西两侧，地层厚度小于600 m，东侧地层厚度大于西侧，其地震反射结构具有上超、亚平行特征。

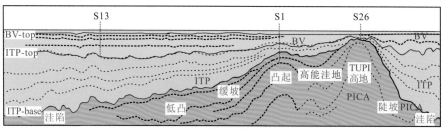

（a）过S13—S1—S26井的近东西向地震剖面

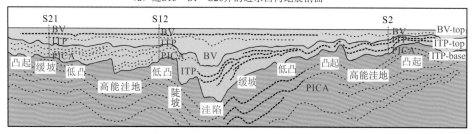

（b）过S21—S12—S2井的南西-近北东向地震剖面

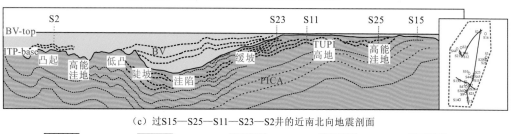

（c）过S15—S25—S11—S23—S2井的近南北向地震剖面

图4.9　C区块连井地震剖面（BV组顶界层拉平）

地震剖面（b）为过 S21—S12—S2 井的南西-近北东向地震剖面，该剖面跨凸起、低凸、缓坡、陡坡及洼陷等几个古地貌单元，S12 井、S21 井及 S2 井均钻遇低凸、缓坡、凸起古地貌单元。该剖面中部洼陷区两侧古地貌具有"南陡北缓"的特征。

地震剖面（c）为过 S15—S25—S11—S23—S2 井的近南北向地震剖面，该剖面跨凸起、高能洼地、低凸、洼陷、缓坡和 TUPI 高地等几个古地貌单元，其中 S2 井钻遇凸起古地貌单元，而 S23 井、S11 井及 S15 井均位于南部凸起和低凸等相对较高的位置。该剖面中部洼陷为剖面（b）中部洼陷向东的延伸部分，同样具有"南陡北缓"的特征。

图 4.10 为 C 三维区 ITP 组沉积前古地貌图。图中 C 区块东部盐下发育一个南西-北东向展布的高地——TUPI 高地，TUPI 高地西侧平缓，东侧陡峭；北部受两个隆起控制，发育两个北西-南东向洼陷，形成 C 区块盐下"三凸两洼"的古地貌格局。该古地貌背景下存在多个次级台阶，控制了 BV 组及 ITP 组礁滩体分布范围及规模。

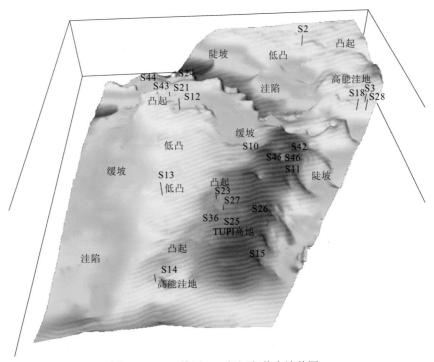

图 4.10　C 三维区 ITP 组沉积前古地貌图

4.2　相带地震响应特征及预测模式

区内不同古地貌部位、不同厚度区域的地震相特征有差异：TUPI 高地西斜坡凸起相对较薄，以中强连续反射为主（图 4.11）；凸起及低凸以丘型、发散弱反射为主；洼地以强反射为主。本节通过井震结合分析研究区内岩石速度结构，在此基础上进行模型正演，然后结合区内实际地震资料，总结典型优势地震相特征。

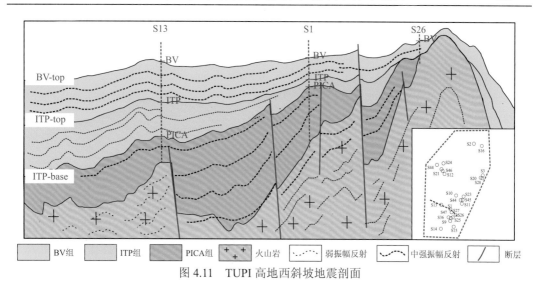

图 4.11　TUPI 高地西斜坡地震剖面

4.2.1　岩石速度结构分析及相控模型正演

通过分析区内钻井及岩性速度的结果，建立研究区微生物礁的地质模型（图 4.12）。区内 BV 组上覆围岩为 2 500 m/s 的低速围岩。BV 组内部礁体主要为 2 500～3 200 m/s

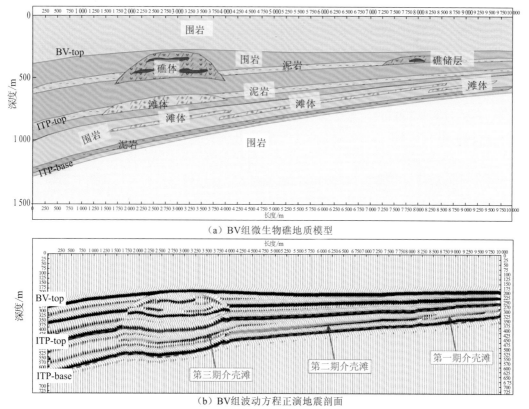

（a）BV 组微生物礁地质模型

（b）BV 组波动方程正演地震剖面

图 4.12　BV 组微生物礁地质模型及其波动方程正演地震剖面

的低速微生物礁，其围岩速度为 5 500 m/s。但在 BV 组底部靠洼陷深水区，发育低水位高速微生物礁，其速度可以达到 4 500 m/s。ITP 组主要发育低速介壳滩，其速度为 3 000 m/s，但夹有低速泥质条带，速度为 3 100 m/s 左右，其下伏地层速度为 3 300 m/s。

通过模型正演，BV 组坡折微生物礁具有丘状外形、内幕杂乱反射的地震相特征；ITP 组缓坡区为介壳滩地震相，为发散断续中强振幅反射。

4.2.2　BV 组地震响应特征及预测模式

通过桑托斯盆地 C、A、B 三个区块 30 多口井钻井-地震精细标定和基于礁滩相储层发育模式的模型正演，对盐下湖相碳酸盐岩地震响应特征有了更多认识，提出不同沉积微相岩性-电性-地震相-古地貌综合识别图版，从而建立不同古地貌背景、不同相带地震相预测模式。

前人对桑托斯盆地 BV 组盐下湖相碳酸盐岩不同相带地震响应特征有较深入的研究。王颖等（2016）认为 BV 组微生物礁礁核地震相特征为中振幅中频断续亚平行反射，局部为空白反射，礁缘地震相为席状-楔状中强振幅中频较连续平行反射。程涛等（2018）、康洪全等（2018b）从反射结构角度提出了以碳酸盐岩生长结构为核心的地震相识别方法，明确了 BV 组微生物礁亚相礁核微相多具有丘状几何外形，纵向上发育多期次叠加生长建隆结构；礁间、礁前微相具有席状几何外形，纵向上发育机械成因的连续、平行-亚平行反射结构，为利用地震资料研究沉积微相奠定了很好的基础。

本书综合上述前人的研究认识进一步深化研究，微生物礁亚相礁核微相在不同古地貌或不同沉积厚度区域地震相特征有明显差异（表 4.1），与相控正演模型所揭示的一样，微生物礁亚相主要有两种地震响应特征：一是在凸起坡折或低凸区域，礁核厚度往往较大（一般为 200～300 m），地震反射外形为丘形或楔形前积、断续杂乱-空白反射，如 B 区块 S40 井（图 4.13），局部为亚平行断续中弱振幅中频反射，如 C 区块 S13 井等（图 4.14），这与前期研究认识是一致的；二是在高地及凸起顶部区域，BV 组微生物礁沉积厚度相对较薄（一般低于 200 m），地震响应特征以披盖状亚平行连续中强振幅中低频反射为主，如 C 区块 S11 井、S1 井等。

礁缘位于礁核周边，地震响应特征以席状-楔状亚平行连续中弱振幅中频反射为主，主要发育在微生物礁周边、低凸或缓坡等水体变深部位，如 S13 井（图 4.13、图 4.14）。

礁基滩是微生物礁的基座，席状外形为其典型地震响应特征，往往具有平行连续中强振幅中高频地震响应特征，该相带主要位于低凸及凸起区。

礁间具有席状亚平行连续中强振幅中频地震响应特征，与礁基滩的地震响应特征不易区分，应以该反射所处空间位置判定，如位于远离微生物礁的缓坡或高能洼地的中强连续反射区为礁间，如 S26 井（图 4.14）。位于丘形弱反射微生物礁相带边缘及下部的中强连续反射区，则应判定为礁基滩。

浅湖泥为亚平行、平行连续中强振幅中低频地震响应特征，一般位于高能洼地，较易识别。

表 4.1　BV 组岩性-电性-地震相-古地貌综合识别图版

沉积亚相	沉积微相	岩性	岩电特性 GR 曲线形态	岩电特性 岩电特征	地震相类型	部位	井名及剖面
微生物礁	礁核	叠层石微生物灰岩	箱形	5 500	丘形或楔形前积、断续杂乱-空白反射或中弱振幅中频反射	凸起 低凸	S40
	礁核	叠层石微生物灰岩夹球状微生物灰岩	箱形+尖指状	5 100	席状或盖披状平行-亚平行连续中强振幅中低频反射	高地 凸起	S1
	礁缘	含泥球状微生物灰岩、含泥叠层石微生物灰岩、层纹石微生物灰岩	齿化箱形+尖指状	4 900	席状-楔状亚平行连续中弱振幅中频反射	低凸 缓坡	S25
	礁基滩	球状微生物灰岩	齿化箱形	5 400	席状平行连续中强振幅中高频反射	凸起 低凸	S13
	礁间	泥晶灰岩、泥质球状物灰岩、含球粒泥灰岩	齿化箱形+尖指状	5 200	席状亚平行连续中强振幅中频反射	缓坡 高能洼地	S10
浅湖	浅湖泥	灰质泥岩、泥灰岩	高频尖指状	5 700	亚平行、平行连续中强振幅中低频反射	高能洼地	S41

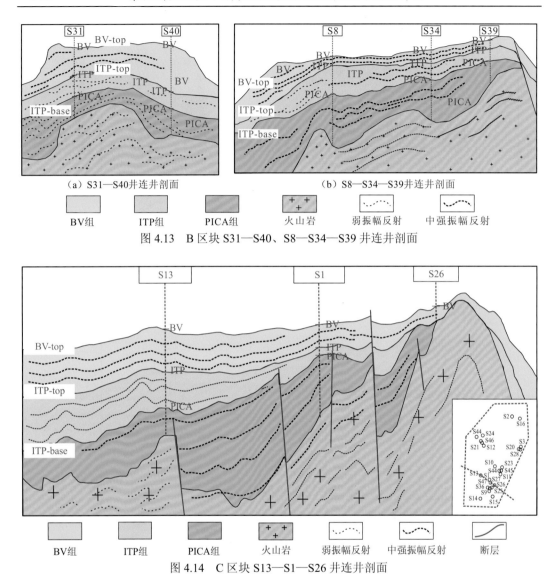

（a）S31—S40井连井剖面　　　　　（b）S8—S34—S39井连井剖面

| BV组 | ITP组 | PICA组 | 火山岩 | 弱振幅反射 | 中强振幅反射 |

图 4.13　B 区块 S31—S40、S8—S34—S39 井连井剖面

| BV组 | ITP组 | PICA组 | 火山岩 | 弱振幅反射 | 中强振幅反射 | 断层 |

图 4.14　C 区块 S13—S1—S26 井连井剖面

通过上述分析表明，桑托斯盆地 BV 组微生物礁及其微相地震相具有多种特征，提高地震相对有利沉积微相的预测精度需要古地貌的约束。上述沉积微相的地震相特征与古地貌结合，便可作为相带地震相预测模式。本小节提出两个基于古地貌的微生物礁亚相地震相预测模式。

模式 I：凸起或低凸为丘形或楔形前积、断续杂乱-空白反射或中弱振幅中频反射模式。

模式 II：高地或凸起为席状或披盖状平行-亚平行连续中强振幅中低频反射模式。

上述预测模式 I 与微生物礁普遍具有的丘状外形、内幕弱反射特征一致，2011 年投入开发的四川盆地二叠系长兴组生物礁地震响应特征也是如此。模式 II 则较为少见，显示出研究区微生物礁亚相地震响应特征的特殊性。

4.2.3　ITP 组地震响应特征及预测模式

前人对桑托斯盆地 ITP 组盐湖相碳酸盐岩不同相带地震响应特征研究认为，ITP 组介壳滩多呈丘型，地震反射为中振幅中低频断续杂乱反射（王颖 等，2016）。程涛等（2018）认为 ITP 组生屑滩亚相中的介壳滩微相具有滩状几何外形，垂直生长方向两侧双向下超，滩间、滩缘微相具有楔状外形，且连续平行-亚平行反射结构。

介壳滩微相在不同古地貌背景下，地震相特征依然有明显差异（表 4.2）。主要有两种地震反射特征：一是在凸起或低凸区域，地震反射外形为楔状（向半深湖加厚）或披盖状，局部为低弧丘形，内幕为断续杂乱反射-空白反射，主要发育在 B 区块（图 4.15），这也与前期研究认识基本一致；二是在缓坡、高能洼地浅缓坡或低凸区域，地震反射以亚平行连续中强振幅低频反射为主，如 B 区块的 S29 井（图 4.16）。

滩缘和滩间微相地震响应特征以亚平行连续强振幅低频反射为主，如 C 区块高能洼地东缓坡的 S25 井；滨湖砂坪微相地震响应特征以平行-亚平行连续中强振幅中高频反射为主，主要发育于凸起及 C 区块北的 S21 井；浅湖亚相地震响应特征以平行-亚平行连续中弱振幅中低频反射为主，如 B 区块的 S29 井（图 4.16），在高能洼地区域具有楔状特征，如 B 区块 S29 井；半深湖微相地震响应特征以平行连续强振幅中低频反射为主，如 B 区块的 S34 井。

通过上述分析提出两个基于古地貌的 ITP 组介壳滩微相地震相的预测模式。

模式 I：凸起或低凸为楔形前积或披盖状断续杂乱-空白反射、平行-亚平行连续中强振幅中低频反射模式。

模式 II：缓坡为楔形前积或席状叠瓦状平行-亚平行连续中强振幅中高频反射模式。

4.2.4　岩浆岩地震响应特征及识别模式

巴西桑托斯盆地多口钻井钻遇多套岩浆岩，证实该区域发育多种成因类型的岩浆岩。火山喷发后形成的火山通道、火山锥及溢流侵入等与湖相生物灰岩礁滩相储层地震响应特征有一定相似性，导致礁滩相带预测不准确，给油气勘探带来了挑战，如 B 区块 S32 井在 BV 组钻遇了多层岩浆岩，储层并不发育（图 4.17）。近年来，四川盆地二叠系生物礁识别也遇到了类似陷阱，火山喷发形成的丘形反射被判断为生物礁，如川西洛带地区的永胜 1 井。因此，厘清岩浆岩地震识别模式，对提高礁滩相湖相生物灰岩的预测精度具有重要意义。

王朝锋等（2016）通过钻井、录井、测井、岩心及地震响应特征综合研究，确定了巴西桑托斯盆地深水区 S 油田发育两种岩性（辉绿岩、玄武岩）、4 套岩浆岩体。辉绿岩相对于玄武岩，辉绿岩发育规模小、厚度薄。岩浆岩在测井上表现为“两高一低”的曲线特征（高密度、高自然伽马、低声波），总体上物性较差。玄武岩平均孔隙度小于 5%，局部发育孤立孔，裂缝较少。辉绿岩致密，无可见孔。厚层玄武岩夹薄层石灰岩在地震

表 4.2　ITP 组岩性-电性-地震相-古地貌综合识别图版

沉积亚相	沉积微相	岩电特性			地震相类型	部位	典型剖面 井名及剖面
		岩性	GR 曲线形态	岩电特征			
浅滩	介壳滩	介壳灰岩	箱形	S 800	楔形前积或披盖状断续杂乱-空白反射或中强振幅中低频反射	凸起 低凸	S8
浅滩	介壳滩	介壳灰岩	箱形 尖指状	S 400	楔形前积或席状叠瓦状平行-亚平行连续中强振幅中高频反射	缓坡	S23
浅滩	滩缘 内碎屑滩 滩间	泥晶介壳灰岩、含介壳泥灰岩夹砂(砾)屑灰岩	箱形 尖指状	S 500	亚平行连续中强振幅中高频反射	低凸 缓坡 高能洼地	S25 S21
滨湖	砂坪	粉砂岩、泥质粉砂岩	齿形 尖指状	S 300	平行-亚平行连续中强振幅中高频反射	凸起 低凸 缓坡	S29
浅湖	浅湖泥	泥灰岩、泥质灰岩、泥岩	高幅齿形	S 200	平行-亚平行连续中弱振幅中低频反射	缓坡 高能洼地	
半深湖	半深湖	页岩	高幅齿形/尖指状	S 100	平行连续强振幅中低频反射	高能洼地 洼陷	S34

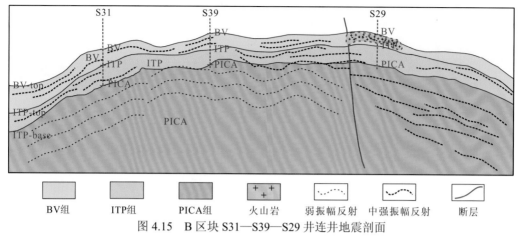

图 4.15　B 区块 S31—S39—S29 井连井地震剖面

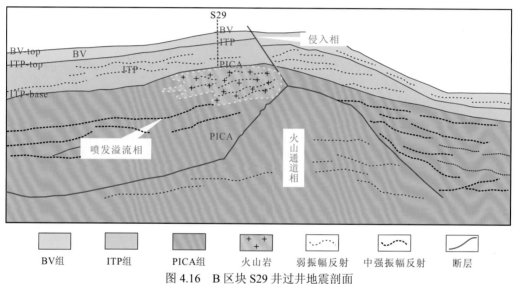

图 4.16　B 区块 S29 井过井地震剖面

剖面上表现为杂乱反射特征，厚层块状玄武岩表现为空白反射特征，辉绿岩表现为单轴强反射特征。综合地震属性明确了岩浆岩主要分布于伸展断层的上下两盘，推测与深大断裂有关。程涛等（2019）根据钻井及地震资料，将桑托斯盆地岩浆岩划分为火山通道成因相、喷发溢流成因相及侵入成因相三种成因类型，并针对岩浆岩地震反射几何形态及内幕结构进行较为深入的研究，总体地震预测模式与 2.4.3 小节描述一致。

　　本小节对所有发育岩浆岩的钻井进行了岩性、电性特征及地震响应特征综合分析，优选了 S29 井、S30 井、S32 井、S39 井等几口典型井进行了剖析，在前人基础上，建立本小节岩浆岩识别模式。

　　岩浆岩类型沿用中海石油（中国）有限公司近期的划分方法，即将其分为火山通道成因相、喷发溢流成因相及侵入成因相。岩石类型上，火山通道成因相、喷发溢流成因相发育玄武岩，侵入成因相发育辉绿岩。

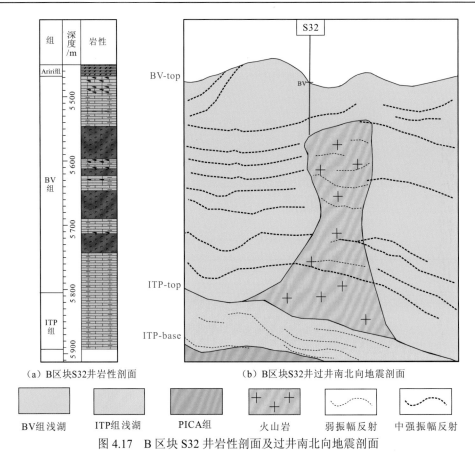

图 4.17　B 区块 S32 井岩性剖面及过井南北向地震剖面

　　火山通道相地震响应特征：从 B 区块 S30 井与 S29 井岩性剖面及连井地震剖面上看（图 4.18），S30 井位于柱状或塔状杂乱弱反射异常区边部，S29 井位于层状连续反射区。钻井证实 S30 井岩浆岩极为发育，ITP 组以岩浆岩夹石灰岩为主，厚度达 400 多米。在岩浆岩内部夹薄层石灰岩时，在柱状弱反射边缘因波阻抗差异出现个别强反射；S29 井仅在 BV 组顶部发育 43 m 岩浆岩，但 Camboriu 组均为岩浆岩。由此确认了火山通道相地震响应特征为柱状杂乱弱反射或空白反射。

　　侵入成因相地震响应特征：S29 井顶部发育的岩浆岩为辉绿岩，是典型的侵入岩，地震反射呈强波峰-强波谷亮点特征。S39 井 BV 组岩浆岩发育特征与 S29 井相似，顶部发育 72 m 的辉绿岩，从 B 区块 S31—S39—S29 井连井地震剖面（图 4.15）上看，顶部强波峰反射特征明显，由此确认了侵入成因相地震响应特征为极强连续亮点反射。

　　喷发溢流相地震响应特征：该类岩浆岩前人识别与刻画资料相对较少，本小节通过多方向地震剖面比对，在 B 区块 S29 井过井地震剖面（图 4.16）上发现了其典型特征。喷发溢流相在反射能量方面与火山通道相相当，但外形上存在明显差异，主要以丘状或披盖状外形为典型特征，由此确认了喷发溢流相地震响应特征为丘状或披盖状杂乱弱反射或空白反射。

　　从地质成因机理上看，岩浆岩识别还有一个重要标志，即拉张断层的存在，当深源断层旁呈现极强振幅异常时，往往发育侵入岩。

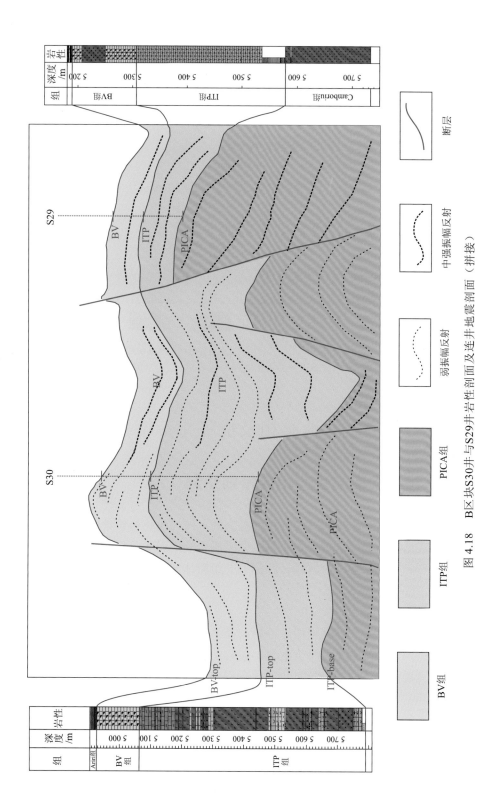

图 4.18　B区块S30井与S29井岩性剖面及连井地震剖面（拼接）

基于上述钻井、地震响应特征联合分析，绘制了 B 区块 S30—S29 井连井岩浆岩纵横向分布模式图（图 4.19），图 4.19 中可见各类相带在剖面上的展布特征。

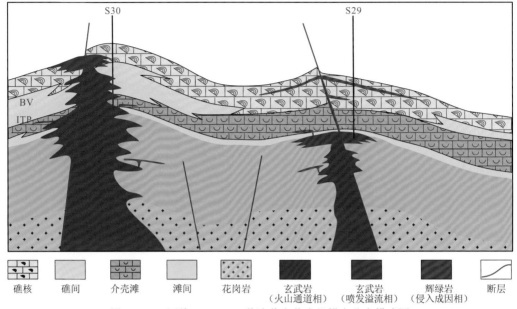

图 4.19　B 区块 S30—S29 井连井岩浆岩纵横向分布模式图

4.3　重点区地震相及优势相带精细预测

4.3.1　ITP 组地震相及优势相带精细预测

地震相分析是进行沉积相研究的一种强有力的方法，包括传统地震相分析法、地震属性分析及地震地貌学成像法等，本小节主要采用传统地震相分析与属性分析相结合的方法，开展地震相、沉积相综合解释，预测 ITP 组滩体发育的优势相带。

1. 传统地震相分析

传统地震相分析技术主要基于层序分析、礁滩发育模式及地震响应特征，从宏观地震反射参数对礁滩地震异常进行综合解释。该方法准确性与解释人员的经验有关。在解释过程中综合开展层序地层学分析、物源区分析、沉积环境恢复、沉积相模式建立、井震结合及地震相参数识别等方面研究，可以提高地震相解释精度，同时还可以排除地震属性分析中存在的礁滩异常。

图 4.20～图 4.22 为 C 区块典型井连井 ITP 组地震相-沉积相综合解释剖面。图 4.20 为 C 区块 S21—S2 井连井 ITP 组地震相-沉积相综合解释剖面，该剖面中部为相对深水的半深湖亚相，对应发散中强振幅反射地震相。该剖面中代表浅水高能介壳滩的低凸区

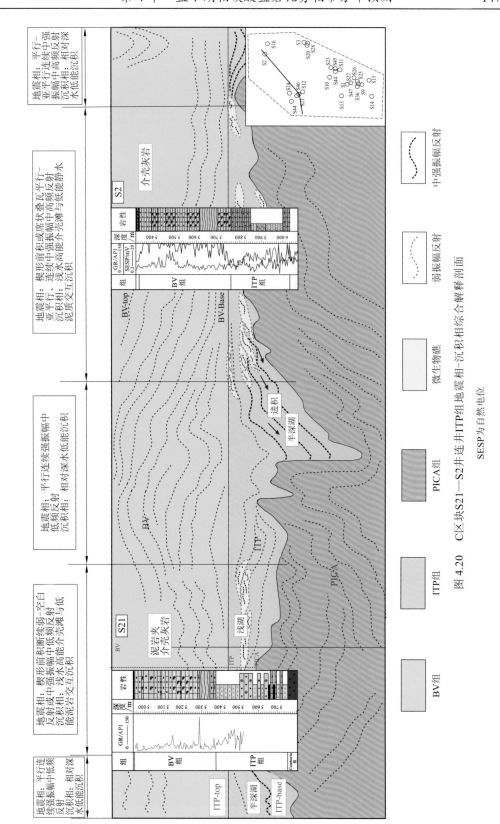

图 4.20 C 区块 S21—S2 井连井 ITP 组地震相-沉积相综合解释剖面

SESP 为自然电位

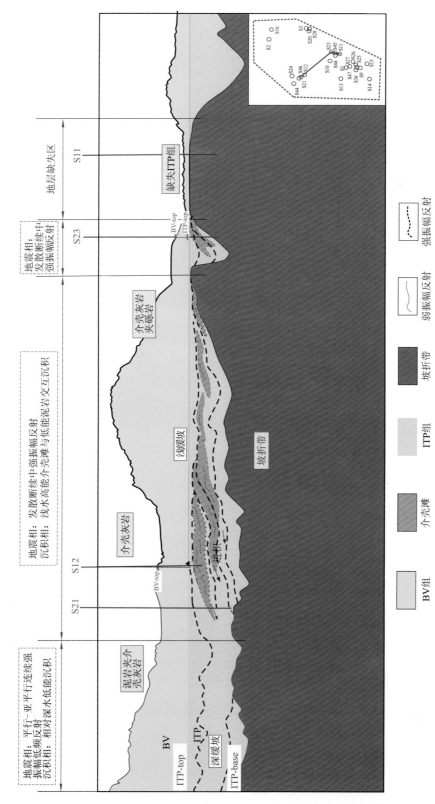

图 4.21 C区块S21—S12—S23—S11井连井ITP组地震相-沉积相综合解释剖面

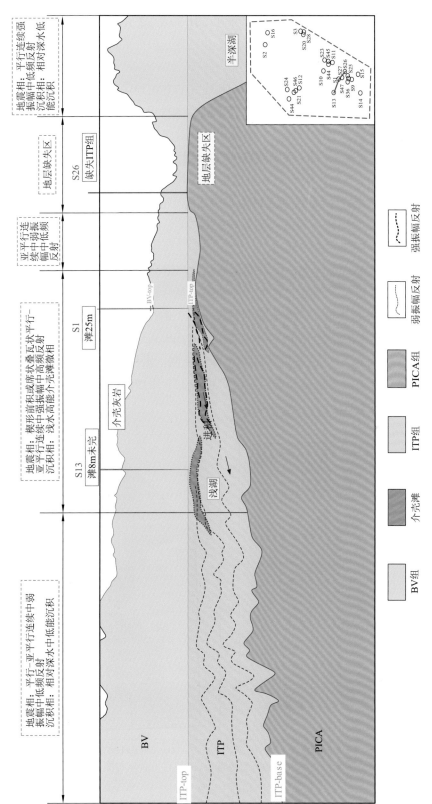

图 4.22　C区块S13—S1—S26井连井ITP组地震相-沉积相综合解释剖面

前积断续杂乱或弱振幅反射地震相主要分布在 S21 井及 S2 井区，介壳滩具有由凸起向缓坡或半深湖方向前积叠置的特征，其中 S21 井钻遇三段介壳滩，合计 32 m，S2 井钻遇两段介壳滩，分别为 92 m 与 32 m。

图 4.21 为 C 区块 S21—S12—S23—S11 井连井 ITP 组地震相-沉积相综合解释剖面，该剖面中 S11 井钻遇 TUPI 高地，缺失 ITP 组地层；S21 井、S12 井及 S23 井均钻遇凸起或浅缓坡区的浅水高能介壳滩发育区，地震相表现为强振幅反射特征。

图 4.22 为 C 区块 S13—S1—S26 井连井 ITP 组地震相-沉积相综合解释剖面，该剖面中 S26 井钻遇 TUPI 高地，缺失 ITP 组地层；S13 井及 S1 井均钻遇 TUPI 高地至缓坡区的浅水高能介壳滩发育区，地震相表现为缓坡区楔形前积或席状叠瓦状平行-亚平行连续中强振幅中高频反射特征；剖面西侧发育平行-亚平行连续中弱振幅中低频反射地震相，代表相对深水中低能的沉积环境。

通过地震剖面滚动观察对 ITP 组不同地震相边界进行精细刻画，进一步细化了介壳滩平面分布特征，在研究区预测 ITP 组介壳滩的有利分布面积为 920 km²。图 4.23（a）的黄色部分是 C 区块 ITP 组介壳滩地震异常在平面上的投影，其分布形态与古地貌分析结果基本一致。C 区块东部受 TUPI 高地控制，在 TUPI 高地西侧缓坡区发育三个期次的前积介壳滩体（图 4.24）。C 区块北部受两个隆起控制，沿洼陷边缘发育北西-南东向的高能介壳滩。再结合该区典型钻井资料，将 C 区块 ITP 组地震相平面分布图转化为沉积相平面分布图[图 4.23（b）]。

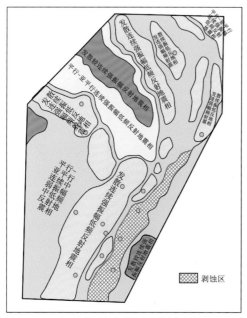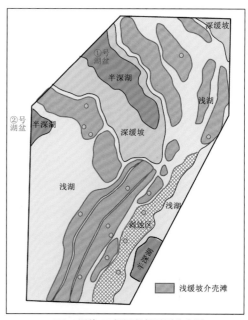

（a）C区块ITP组地震相平面分布图　　　（b）C区块ITP组沉积相平面分布图

图 4.23　C 区块 ITP 组地震相-沉积相平面分布图

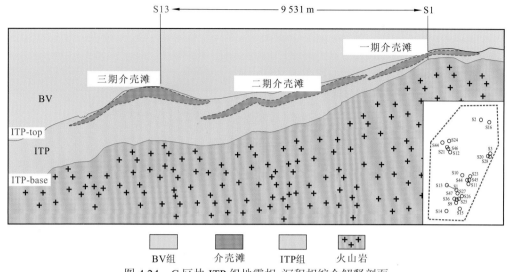

图 4.24　C 区块 ITP 组地震相-沉积相综合解释剖面

2. 地震属性分析

地震属性分析方法是基于三维地震资料，利用不同地震属性刻画礁滩地震异常体的空间展布特征。该方法研究成果更加客观，能全面、真实反映地震数据体蕴含的信息，对礁滩体的空间展布形态刻画也更加直观形象。但地震属性预测成果仍存在一定多解性，如断层、岩性岩相变化及资料处理等因素都可能引起礁滩地震异常反射，还需要结合钻测井资料开展进一步研究。

地震属性是从地震数据中经过数学变换而导出的有关地震波的几何形态、运动学、动力学或统计学特征的特殊测量值。常用的地震属性包括均方根振幅属性、频（能）谱属性、相位属性、复地震道属性、层序属性、相关属性等。结合已钻井资料，通过地震属性实验，认为在该区均方根振幅属性能较好地反映 ITP 组介壳滩的空间分布特征。图 4.25～图 4.26 为 ITP 组顶界向下提取 50 ms 内的均方根振幅属性剖面特征，图中中强振幅反射代表高能介壳滩分布的有利区。

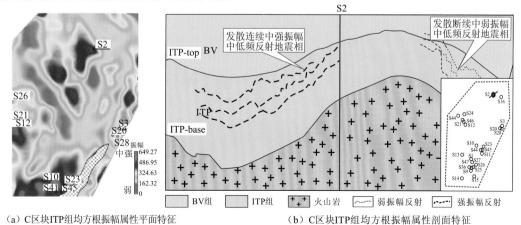

（a）C区块ITP组均方根振幅属性平面特征　　　　（b）C区块ITP组均方根振幅属性剖面特征

图 4.25　C 区块 ITP 组均方根振幅属性平面和剖面特征

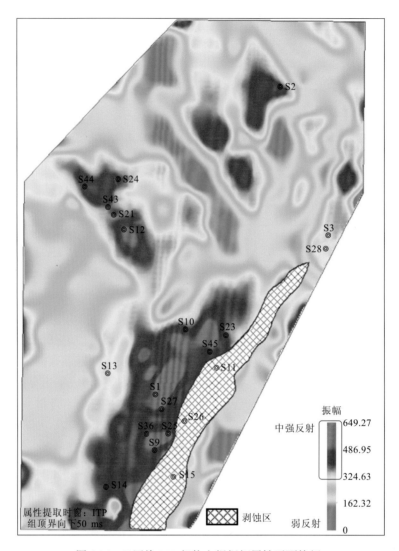

图 4.26　C 区块 ITP 组均方根振幅属性平面特征

　　图 4.27 中均方根振幅属性平面特征与地震相预测结果基本一致，即该区 ITP 组介壳滩分布主要受"三凸两洼"的古地貌格局控制，沿洼陷边缘分布。C 区块西部洼陷具有"东北缓、西南陡"的古地貌特征，洼陷两侧发育多个前积体，前积体上部浅水区，水动力作用强，为介壳滩发育的有利相带，同时该区域易于暴露遭受溶蚀，形成滩相储层。C 区块北部洼陷具有"西缓、东陡"的古地貌特征，洼陷东侧发育多个前积体，前积体上部浅水区为介壳滩发育的有利相带，同时易暴露形成溶蚀孔隙。

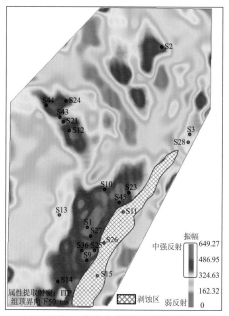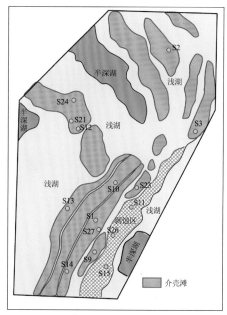

（a）C区块ITP组均方根振幅属性平面特征　　　（b）C区块ITP组沉积相平面分布特征

图 4.27　C 区块 ITP 组均方根振幅属性与沉积相平面分布特征

4.3.2　BV 组地震相及优势相带精细预测

1. 传统地震相分析

图 4.28～图 4.29 为 C 区块典型井连井 BV 组地震相-沉积相综合解释剖面。图 4.28 为 C 区块 S21—S2 井连井 BV 组地震相-沉积相综合解释剖面，该剖面中部为相对深水的半深湖-深湖亚相，洼陷两侧受基底断裂带控制，发育多个次级台阶，台阶迎风面发育台缘微生物礁。其中半深湖-深湖亚相地震响应特征表现为亚平行、平行连续中强振幅中低频反射特征；台缘微生物礁亚相对应低凸区丘形断续杂乱-空白弱振幅反射地震相，S21、S2 井均钻遇该类沉积亚相；礁间对应平行-亚平行连续强振幅反射地震相。

图 4.29 为 C 区块 S21—S12—S23—S11 井连井 BV 组地震相-沉积相综合解释剖面，该剖面中部发育一小型半深湖-深湖，地震相特征表现为亚平行、平行连续中强振幅中低频反射特征；半深湖-深湖两侧具有较高的沉积地貌，有利于礁体发育，如 S21 井、S12 井均于这些坡折带钻遇微生物礁，地震相特征表现为丘形断续杂乱-空白弱振幅反射特征。

图 4.30～图 4.31 为 C 区块 S13—S1—S26 井连井 BV 组地震相-沉积相综合解释剖面及 C 区块 BV 组地震相、沉积相平面分布图。该剖面东西两侧发育半深湖-深湖亚相，地震相表现为发散、平行-亚平行连续中强振幅中低频反射特征；洼陷西侧沉积地貌相对较缓，发育三排次级台阶，S13 井、S1 井、S26 井分别钻遇上述三级台阶上的微生物礁，地震相表现为凸起或高地区丘形断续弱振幅反射特征；礁间对应平行-亚平行连续强振幅反射地震相。

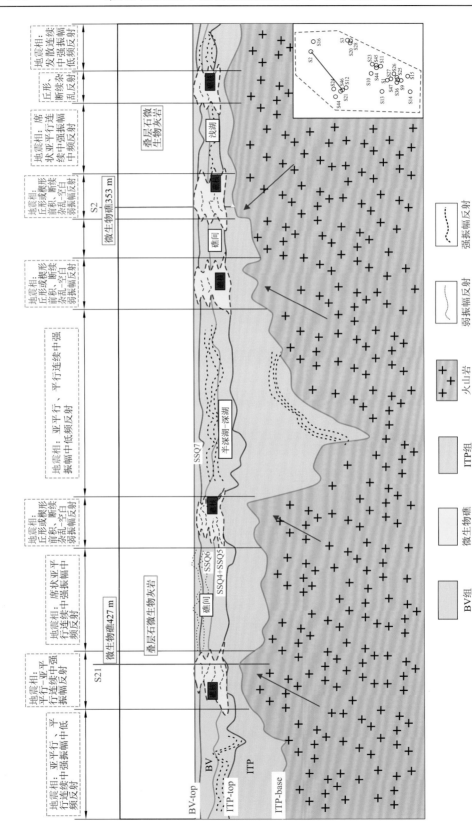

图 4.28　C 区块 S21—S2 井连井 BV 组地震相-沉积相综合解释剖面

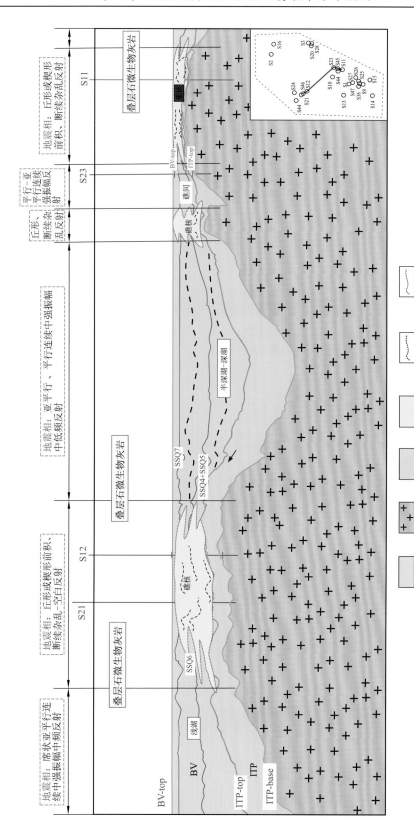

图 4.29　C区块S21—S12—S23—S11井连井BV组地震相-沉积相综合解释剖面

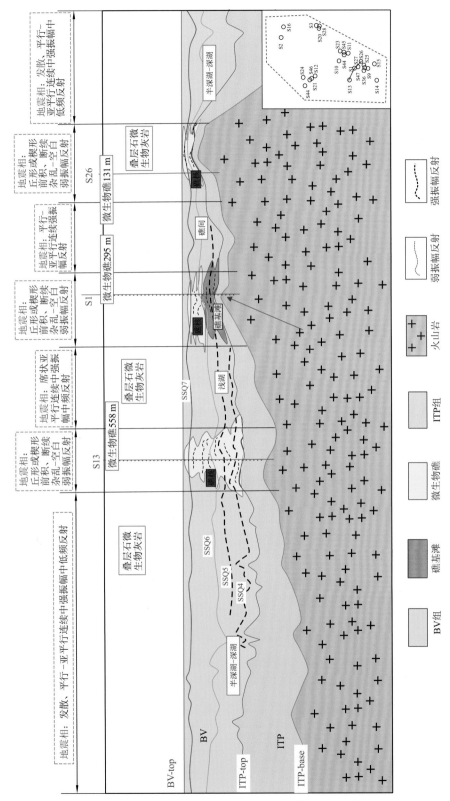

图 4.30　C区块S13—S1—S26井连井BV组地震相—沉积相综合解释剖面

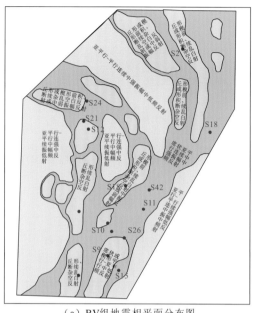

（a）BV组地震相平面分布图

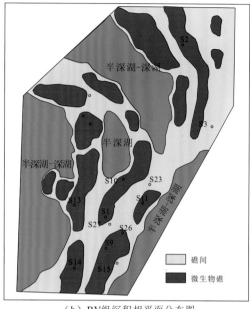

（b）BV组沉积相平面分布图

图 4.31　C 三维区 BV 组地震相、沉积相平面分布图

　　在典型剖面地震相-沉积相综合解释的基础上，通过井震结合分别对 C 三维区 BV 组 SSQ4、SSQ5、SSQ6、SSQ7 共 4 个层序及 BV 组地震相-沉积相平面展布特征进行精细刻画，在研究区识别 BV 组微生物礁有利区带面积为 710 km^2（图 4.31～图 4.33）。

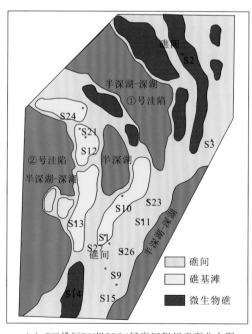

（a）C三维区BV组SSQ4层序沉积相平面分布图

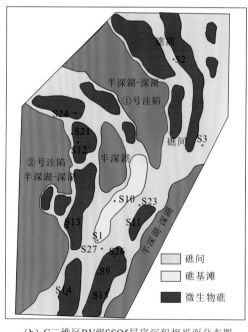

（b）C三维区BV组SSQ5层序沉积相平面分布图

图 4.32　C 三维区 BV 组 SSQ4、SSQ5 层序沉积相平面分布图

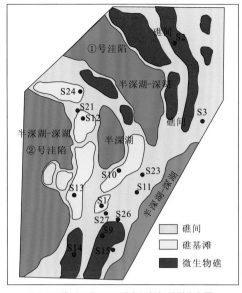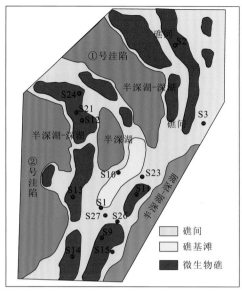

（a）C三维区BV组SSQ6层序沉积相平面分布图　　　　（b）C三维区BV组SSQ7层序沉积相平面分布图

图 4.33　C 三维区 BV 组 SSQ6、SSQ7 层序沉积相平面分布图

BV 组沉积期（拗陷期），SSQ4～SSQ7 各层序沉积格局基本一致，平面上微生物礁主要位于洼陷边缘各级台阶附近的坡折带。其中研究区①号洼陷具有"东北缓、西南陡"的古地貌特征，洼陷两侧发育多排次级台阶，台阶迎风面为盆缘微生物礁发育的有利部位。研究区②号洼陷具有"西低、东高"的古地貌特征，洼陷东侧发育多排次级台阶，为微生物礁发育的有利部位。

2. 地震属性分析

结合研究区 BV 组已钻井资料，提取 C 三维区均方根振幅属性定性预测 BV 组微生物礁的空间分布特征。图 4.34～图 4.35 为沿 BV 组 SSQ6 层序上下各 50 ms 提取的均方根振幅属性剖面特征及对应的地震剖面特征，图中杂乱弱振幅高频反射代表微生物礁分布的有利区。

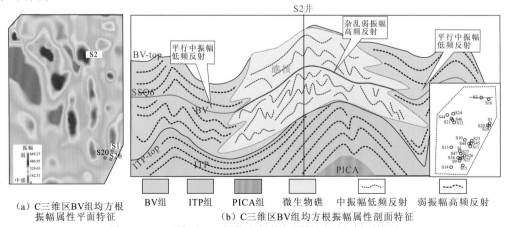

（a）C三维区BV组均方根
振幅属性平面特征
（b）C三维区BV组均方根振幅属性剖面特征

图 4.34　C 三维区 BV 组均方根振幅属性平面和剖面特征

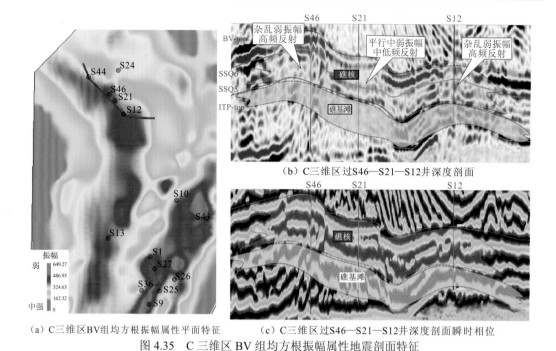

（a）C三维区BV组均方根振幅属性平面特征　　　（b）C三维区过S46—S21—S12井深度剖面

（c）C三维区过S46—S21—S12井深度剖面瞬时相位

图 4.35　C 三维区 BV 组均方根振幅属性地震剖面特征

　　图 4.36 中均方根振幅属性平面特征与地震相-沉积相预测结果基本一致，BV 组弱振幅反射区域成条带状分布，与古地貌特征有一定的相似性，BV 组微生物礁分布受"三隆夹两凹"的古地貌格局控制，沿①号、②号洼陷边缘多级台阶迎风面分布。

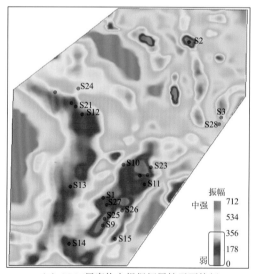

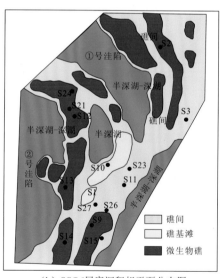

（a）SSQ6层序均方根振幅属性平面特征　　　（b）SSQ6层序沉积相平面分布图

图 4.36　C 三维区 BV 组 SSQ6 层序均方根振幅属性平面特征、沉积相平面分布图

<table>
<tr><td>第 5 章</td><td>**盐下湖相碳酸盐岩储层
识别及分布预测**</td></tr>
</table>

5.1 储层地震响应特征及预测模式

本章重点对 C 区块 S9、S2、S23、S11、S14 井 5 口钻井进行储层分类评价，基于各井储层精细标定结果，重点从储层物性、波谷及波峰振幅、均方根振幅属性及波阻抗属性入手，识别敏感属性参数，确定地震属性门槛值，为该区域储层精细预测奠定基础。

5.1.1 BV 组储层地震响应特征及预测模式

通过区内已钻井资料分析，BV 组高孔渗相对优质储层主要表现为低自然伽马、低密度、低速度的特征，且储层发育厚度较大（图 5.1）。从过井地震剖面分析，BV 组预测模式有利储层往往具有强波谷-强波峰的"亮点"、低阻抗的特征 [图 5.2（a）、（b）]。

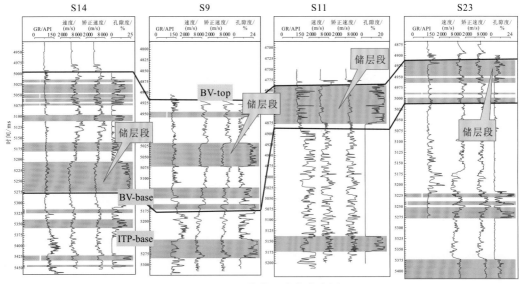

图 5.1　C 区块储层连井曲线图

统计分析发现，BV 组储层顶所对应的波谷振幅及储层反射相位的均方根振幅、储层波阻抗属性为敏感属性，随着储层物性变好，均方根振幅及波谷振幅增加，波阻抗降低。其中，波谷振幅、波阻抗属性与储层物性相关性最为明显，相关系数高，基于相关分析，可以确定孔隙度大于 12% 的 I、II 类优质储层波谷振幅及波阻抗门槛值。

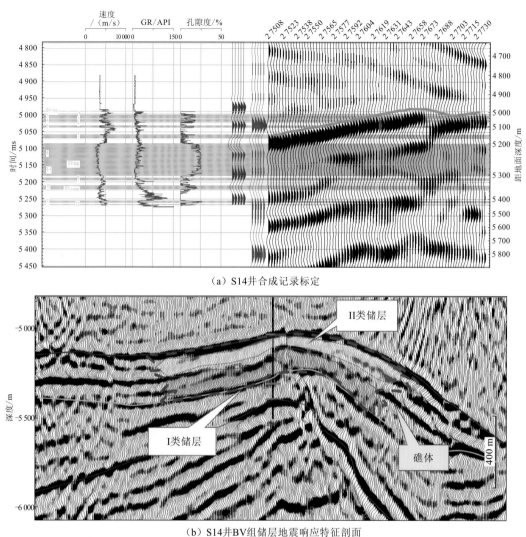

（a）S14井合成记录标定

（b）S14井BV组储层地震响应特征剖面

图 5.2　S14 井合成记录标定和 BV 组储层地震响应特征剖面

　　表 5.1 为 C 区块 5 口钻井 BV 组石灰岩储层物性与储层顶波谷振幅属性统计表，基于此绘制了 C 区块钻井 BV 组石灰岩储层顶波谷振幅与孔隙度交会图（图 5.3）。图中选取了前 9 个点开展相关性分析，可见波谷振幅与孔隙度具有较高的相关性，利用这一属性预测储层分布应该具有较好的可靠性。图中孔隙度大于 12%的优质储层对应的波谷振幅在 4 左右，因此，可将 C 区块 BV 组优质储层波谷振幅门槛值确定为 4。波谷振幅越强，优质储层越发育。在 B 区块，由于 BV 组较为普遍存在火山岩、侵入岩，该属性预测有利储层需要剔除因为岩浆岩影响形成的极强波谷反射样本后再进行预测。

表 5.1　C 区块 5 口钻井 BV 组石灰岩储层物性与储层顶波谷振幅属性统计表

序号	井名	井段/m	厚度/m	孔隙度/%	波谷振幅（归一化后）
1	S9	5 013.9～5 067.8	53.9	16.1	9.600
2	S2	5 648.3～5 679.3	31.0	8.3	3.509
3	S2	5 368.8～5 374.5	5.7	5.1	2.050
4	S2	5 574.1～5 638.4	64.3	8.7	0.980
5	S23	4 910.6～4 946.6	36.0	5.7	3.581
6	S11	4 785.5～4 875.5	90.0	14.7	5.180
7	S14	5 024.2～5 043.3	19.1	12.8	4.845
8	S14	5 155.7～5 176.4	20.7	5.8	0.597
9	S14	5 200.4～5 303.9	103.5	20.9	4.479

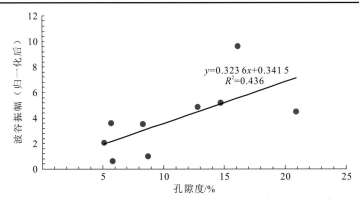

图 5.3　C 区块钻井 BV 组石灰岩储层顶波谷振幅与孔隙度交会图

　　表 5.2 为 C 区块 5 口钻井 BV 组石灰岩储层物性与波阻抗属性统计表，基于此绘制了 C 区块钻井 BV 组石灰岩储层波阻抗与孔隙度交会图（图 5.4）。图中可见波阻抗与孔隙度也具有较高的相关性，利用这一属性预测储层分布也具有较高的可靠性。图中孔隙度大于 12%的优质储层对应的波阻抗值在 11 000 g·cm^{-3}·m·s^{-1} 左右。因此，可将 C 区块 BV 组优质储层波阻抗门槛值确定为 11 000 g·cm^{-3}·m·s^{-1}，波阻抗越低，优质储层越发育。

表 5.2　C 区块 5 口钻井 BV 组石灰岩储层物性与波阻抗属性统计表

序号	井名	井段/m	厚度/m	孔隙度/%	波阻抗/g·cm^{-3}·m·s^{-1}
1	S9	5 013.9～5 067.8	53.9	16.1	10 100
2	S2	5 648.3～5 679.3	31.0	8.3	12 100
3	S2	5 368.8～5 374.5	5.7	5.1	12 600
4	S2	5 574.1～5 638.4	64.3	8.7	12 100
5	S23	4 910.6～4 946.6	36.0	5.7	11 800
6	S11	4 785.5～4 875.5	90.0	14.7	8 000

续表

序号	井名	井段/m	厚度/m	孔隙度/%	波阻抗/g·cm⁻³·m·s⁻¹
7	S14	5 024.2~5 043.3	19.1	12.8	9 400
8	S14	5 155.7~5 176.4	20.7	5.8	12 600
9	S14	5 200.4~5 303.9	103.5	20.9	9 800

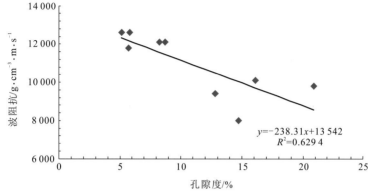

图 5.4　C 区块钻井 BV 组石灰岩储层波阻抗与孔隙度交会图

　　综上所述，BV 组储层发育区往往具有强波谷振幅、低波阻抗的特征，由此确定了 BV 组优质储层单纯基于地震属性的预测模式：强波谷振幅、低波阻抗。综合古地貌对相带及储层的控制作用、相带对优质储层展布的控制作用、地震相优势相带识别模式等确立 BV 组有利储层预测模式为：古地貌高地、有利地震相带、强波谷振幅、低波阻抗。

5.1.2　ITP 组储层地震响应特征及预测模式

　　ITP 组储层厚度相对较薄，储层表现为低自然伽马、低密度、低速度的特征。通过地震精细标定及模型正演综合分析，ITP 组石灰岩地震响应有两种特征。一是在泥页岩分布较为普遍的深水区域，泥岩夹石灰岩的地层结构背景下（如高能洼地、洼陷、下缓坡），作为有利储层的介壳滩石灰岩波阻抗较泥页岩高，伴随介壳滩厚度增加顶部往往表现为强波峰特征。该地层结构背景下，伴随介壳滩储层物性变好或储层厚度增加，由于与泥岩波阻抗差异减小，体现强中弱的反射特点。二是厚层石灰岩夹薄层泥岩的地层结构情况下（如凸起、上缓坡），如果泥岩厚度太薄，厚层石灰岩形成弱反射或空白反射，伴随低阻抗储层或泥页岩厚度增加，振幅值增大。这导致利用振幅预测储层分布遭遇地层结构陷阱。

　　统计钻井井旁地震属性发现，波谷振幅与 ITP 组储层物性相关性较差，波峰振幅及均方根振幅与介壳滩储层具有一定的正相关关系，随着储层物性变好，均方根振幅及波峰振幅值增大，这与钻井主要实施在厚层石灰岩发育区有关，属于上述第二种情况。统计 C 区块 4 口钻井 ITP 组石灰岩储层物性与波峰振幅属性（表 5.3），并进行波峰振幅与孔隙度交汇（图 5.5）。图 5.5 中可见波峰振幅与孔隙度相关性不高，但总体具有正相关趋势，孔隙度大于 12% 的优质储层对应的波峰振幅门槛值大致为 6。四川盆地侏罗系大安寨段湖相灰岩预测往往采用强波峰振幅及均方根振幅属性，类比分析认为，波峰振幅预测储层具有的一定参考价值。

表 5.3   C 区块 4 口钻井 ITP 组石灰岩储层物性与波峰振幅属性统计表

序号	井名	井段/m	厚度/m	孔隙度/%	波峰振幅（归一化后）
1	S9	5 233.4～5 274.9	41.5	18.1	5.460
2	S2	5 773.8～5 786.8	13.0	5.4	4.530
3	S2	6 033.8～6 053.4	19.6	6.3	8.430
4	S23	5 214.2～5 222.8	8.6	18.6	15.280
5	S14	5 308.4～5 316.1	7.7	8.1	2.678

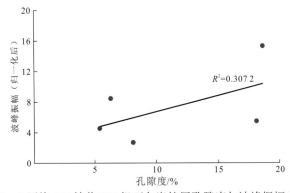

图 5.5   C 区块 4 口钻井 ITP 组石灰岩储层孔隙度与波峰振幅交会图

表 5.4 为 C 区块 4 口钻井 ITP 组石灰岩储层物性与波阻抗属性统计表，基于此绘制了 C 区块 4 口钻井 ITP 组石灰岩储层波阻抗与孔隙度交会图（图 5.6），可见波阻抗与孔隙度具有较高的相关性，波阻抗越低，优质储层越发育，利用这一属性预测储层分布具有较高的可靠性。图中孔隙度大于 12% 的优质储层对应的波阻抗值在 12 000 $g \cdot cm^{-3} \cdot m \cdot s^{-1}$ 左右，因此，可将 C 区块 ITP 组优质储层波阻抗门槛值确定为 12 000 $g \cdot cm^{-3} \cdot m \cdot s^{-1}$。

表 5.4   C 区块 4 口钻井 ITP 组石灰岩储层物性与波阻抗属性统计表

序号	井名	井段/m	厚度/m	孔隙度/%	波阻抗/$g \cdot cm^{-3} \cdot m \cdot s^{-1}$
1	S9	5 233.4～5 274.9	41.5	18.1	10 250
2	S2	5 773.8～5 786.8	13.0	5.4	13 500
3	S2	6 033.8～6 053.4	19.6	6.3	15 500
4	S23	5 214.2～5 222.8	8.6	18.6	11 300
5	S14	5 308.4～5 316.1	7.7	8.1	12 000

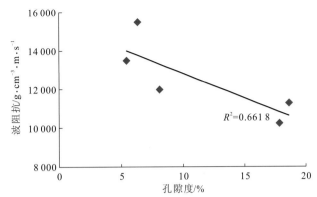

图 5.6　C 区块 4 口钻井 ITP 组石灰岩储层波阻抗与孔隙度交会图

综上所述，ITP 组储层发育区往往具有强波峰振幅、低波阻抗的特征，由此确定 ITP 组优质储层单纯基于地震属性的预测模式：强波峰振幅、低波阻抗。综合古地貌对相带及储层的控制作用、相带对优质储层展布的控制作用、地震相优势相带识别模式等确立 ITP 组有利储层的预测模式：古地貌高地、有利地震相带、强波峰振幅、低波阻抗。

5.2　相控储层定性-定量预测

5.2.1　地震波阻抗反演

地震勘探技术中的综合分析过程经历三个发展阶段：二维到三维、叠后到叠前、时间域到深度域。时间域反演已经相当成熟，然而深度域的反演是一个研究前沿，虽然一直有人研究，但是到目前仍然没有相对完善的理论和方法。基于褶积模型的反演，大部分停留在把时间域子波转换为深度域进行褶积的阶段，没有达到消除时深转换的最终目的。虽然目前在深度域方面的研究还比较少，一些专门的软件也未得以开发，但近几年来国内许多学者在深度域地震数据处理方面也开始做了一些研究。张雪建等（2000）提出了深度域合成地震记录的制作方法；林金逞等（2001）提出了应用深度域高分辨率地震反演识别低渗透薄互层储层方法；柴春艳等（2002）提出了深感应测井深度域反演算法；姚振兴等（2003）提出了用于深度域地震剖面衰减与频散补偿的反 Q 滤波方法；张静等（2010）利用多元线性回归变换方法建立波阻抗、自然伽马、孔隙度等测井曲线与地震属性之间存在的线性变换来预测岩性和物性；胡中平等（2009）提出了伪深度变换方法，这一方法有效地解决了深度域中子波随深度变化的问题；Singh（2012）也是根据中子波提取的理论对深度域反演这一课题做了较为深入的研究。

通过区内实钻井分析，区内储层段具有明显的低波阻抗、低自然伽马的特征。因此利用较为成熟的相控波阻抗反演对储层进行定量预测，即将常规深度域数据通过速度场比例至时间域，进行反演，再用速度场转到深度域应用。本小节选取 S14 井等进行井控反演，图 5.7 为 C 区块过 S14、S9 井的连线波阻抗反演剖面。图 5.8 为 C 区块过 S11、

S23 井的任意线波阻抗反演剖面，其反演剖面的波阻抗结构与已钻井一致。储层速度为高速背景下的相对低速，BV 优质储层波阻抗门槛值为 11 000 g·cm^{-3}·m·s^{-1}，ITP 组优质储层波阻抗门槛值为 12 000 g·cm^{-3}·m·s^{-1}与测井储层速度范围基本一致。反演剖面能有效地识别储层段，反演效果较好。总的来看，反演结果与井吻合情况较好，反演剖面符合地质规律，取得了较好的效果。

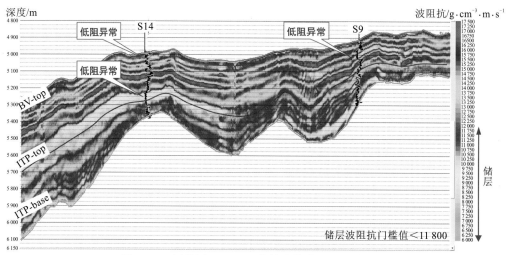

图 5.7　C 区块过 S14、S9 井的连线波阻抗反演剖面

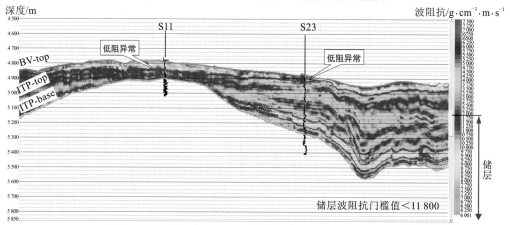

图 5.8　C 区块过 S11、S23 井的任意线波阻抗反演剖面

5.2.2　基于地震反演的相控储层定量预测

通过沉积相控制反演数据体的边界，利用已钻井的模型控制有利沉积相，从而更为准确地预测相带，排除干扰信息。本小节采用沉积相约束的地震反演技术，编制储层厚度图和储层平均波阻抗值图。

图 5.9 为 C 区块 BV 组 SSQ6 储层厚度图及储层平均波阻抗值图，通过厚度图可以判断区内北部和中部坡折带区域储层厚度最大，南部 S14 井附近平均波阻抗值最低。

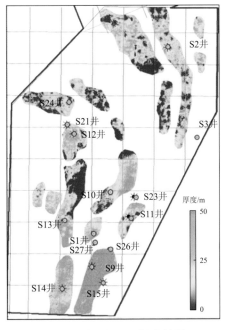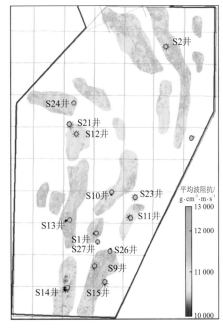

（a）C区块BV组SSQ6储层厚度图　　　　　　　（b）C区块BV组SSQ6储层平均波阻抗值图

图 5.9　C 区块 BV 组 SSQ6 储层厚度图及储层平均波阻抗值图

图 5.10 是 C 区块 ITP 组储层厚度图及储层平均波阻抗值图。从储层厚度图分析出，区内 ITP 组储层厚度呈现北西厚、南东薄的趋势，平均波阻抗值低值区主要集中在中南部 S14、S9、S10 井附近。

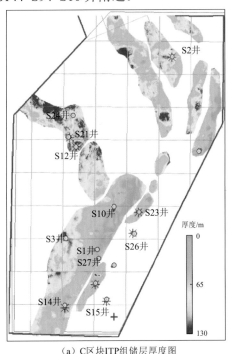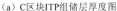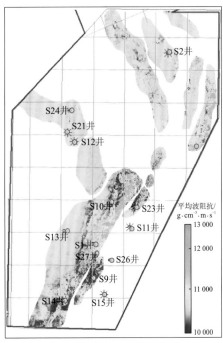

（a）C区块ITP组储层厚度图　　　　　　　（b）C区块ITP组储层平均波阻抗值图

图 5.10　C 区块 ITP 组储层厚度图及储层平均阻抗值图

从预测精度上看，本小节定量预测的 BV 组储层预测精度为 88.4%，ITP 组储层预测精度为 88%，统计结果详见表 5.5、表 5.6。从验证井 S23 井的预测结果看，BV 组、ITP 组储层预测精度分别为 90% 及 85%。

表 5.5　BV 组储层预测误差分析表

井名	井控类型	测井解释储层厚度/m	BV 组地震预测厚度/m	误差/m	预测精度/%
S9	参与	112	125	13	88
S2	参与	186	201	15	91
S23	验证	62	56	6	90
S11	参与	90	101	11	88
S14	参与	181	208	27	85

表 5.6　ITP 组储层预测误差分析表

井名	井控类型	测井解释储层厚度/m	ITP 组地震预测厚度/m	误差/m	预测精度/%
S9	参与	42	38	4	90
S2	参与	63	70	7	88
S23	验证	42	36	6	85
S11	参与	35	40	4	89
S14	参与	26	29	3	88

5.3　有利储层发育区综合评价

5.3.1　有利储层发育区评价标准

在桑托斯盆地盐下湖相碳酸盐岩沉积相带及储层成因机理与主控因素分析的基础上，结合古地貌精细刻画、地震预测的沉积相带与储层预测结果，建立以有利古地貌、沉积微相及储层物性为主要因素，同时考虑地球物理特征的储层分类综合评价标准（表 5.7）。值得说明的是，本区可用于储层井震分析的钻井资料较少，地球物理评价标准精度有限。

表 5.7　桑托斯盆地盐下湖相碳酸盐岩储层分类综合评价标准

层系	分类	古地貌	沉积微相	岩性	物性		地球物理属性	
					孔隙度/%	渗透率/mD	振幅（归一化后）	波阻抗/g·cm^{-3}·m·s^{-1}
BV组	I类	高地、凸起、低凸	礁核、礁基滩	叠层石微生物灰岩、球状微生物灰岩	$\varphi \geq 20$	$k \geq 100$	≥ 6	<9
	II类	高地、凸起、低凸	礁核、礁基滩	叠层石微生物灰岩、球状微生物灰岩	$20 > \varphi \geq 12$	$100 > k \geq 10$	$6 > AMPL \geq 4$	$11 >$波阻抗≥ 9
	III类	低凸、浅缓坡、高能洼地	礁缘、礁基滩	含泥叠层石微生物灰岩、层纹石微生物灰岩、含泥球状微生物灰岩	$12 > \varphi \geq 4$	$10 > k \geq 1$	$4 > AMPL \geq 2$	$13 >$波阻抗≥ 11
	IV类	深缓坡、高能洼地	礁间	泥质球状微生物灰岩、含球粒泥灰岩	<4	<1	<2	≥ 13
ITP组	I类	凸起、低凸、低凸	介壳滩	介壳灰岩	$\varphi \geq 20$	$k \geq 100$	≥ 8	<10
	II类	低凸、浅缓坡	介壳滩	介壳灰岩	$20 > \varphi \geq 12$	$100 > k \geq 10$	$8 > AMPL \geq 6$	$12 >$波阻抗≥ 10
	III类	浅缓坡、高能洼地	滩缘	介壳泥晶灰岩、泥晶贝壳灰岩	$12 > \varphi \geq 4$	$10 > k \geq 1$	$6 > AMPL \geq 4$	$14 >$波阻抗≥ 12
	IV类	深缓坡、高能洼地	内碎屑滩、滩间	含介壳泥灰岩、砂屑灰岩、泥灰岩	<4	<1	<4	≥ 14

注：AMPL 为振幅

5.3.2　ITP 组有利储层发育区综合评价

　　综合 C 区块 ITP 组沉积前古地貌平面分布特征、有利沉积相平面分布特征及储层平均波阻抗平面分布特征等,将研究区 ITP 组介壳滩储层发育有利区划分为三种类型。I 类储层发育有利区位于①号及②号洼陷边缘坡折带附近,其沉积水动力强,介壳滩微相发育,沉积末期同样位于古地貌高地部位,易于暴露形成溶蚀孔洞。该类储层表现为中低波阻抗特征,已知 675A、S21、S10 及 S1 井等钻遇该类型滩相储层,具有滩体厚、储层发育的特点,C 三维区 I 类储层发育有利区总面积为 541 km²。II 类储层发育有利区位于洼陷消失端或洼陷边缘次级坡折带位置,沉积水体能量相对减弱,如 667A 井位于相对深水区,仅钻遇 8 m 介壳滩,该类储层表现为中波阻抗特征。已知 667A 井钻遇该类型滩相储层,滩体相对较薄、储层孔隙度发育程度中等,C 三维区 II 类储层发育有利区总面积为 357 km²。III 类储层发育有利区为远离洼陷边缘坡折带的位置,沉积水体能量较弱,发育点滩,且厚度相对较薄、储层欠发育。该类储层表现为高波阻抗特征,区内无井钻遇该类滩体(图 5.11),C 三维区 III 类储层发育有利区总面积为 59 km²。

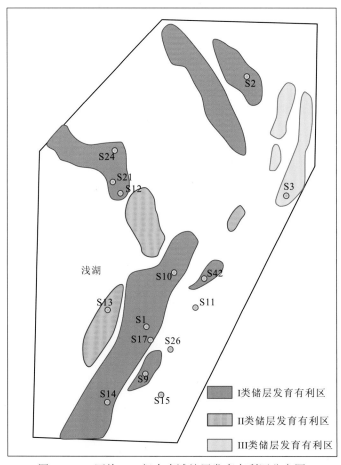

图 5.11　C 区块 ITP 组介壳滩储层发育有利区分布图

5.3.3　BV 组有利储层发育区综合评价

将 C 区块 BV 组沉积前古地貌平面分布图、有利沉积相平面分布图及储层平均波阻抗平面分布图叠合，研究区 BV 组微生物礁储层发育有利区主要有三种类型。I 类储层发育有利区一般位于①号及②号洼陷边缘凸起区，该区域位于迎风面，沉积水动力强，微生物礁核微相发育，如 667A 井钻遇 558 m 的叠层石微生物灰岩、S21 井钻遇 427 m 的叠层石微生物灰岩、S2 井钻遇 353 m 的叠层石微生物灰岩、S1 井钻遇 295 m 的叠层石微生物灰岩、S26 井钻遇 131 m 的叠层石微生物灰岩，微生物礁规模大、易于形成礁灰岩储层，该类储层表现为中低波阻抗特征，C 三维区 I 类储层发育有利区总面积为 599 km^2。II 类储层发育有利区位于洼陷消失端或洼陷边缘凸起区，其可容纳空间减少，沉积水体能量有所减弱，如 S10 井和 S11 井，微生物礁储层厚度明显减薄，该类储层表现为中波阻抗特征，C 三维区 II 类储层发育有利区总面积为 244 km^2。III 类储层发育有利区位于相对低能静水的浅湖区域，沉积水体能量较弱，礁体厚度相对较薄、储层欠发育，该类储层表现为高波阻抗特征，区内无井钻遇该类礁体（图 5.12），C 三维区 III 类储层发育有利区总面积为 127 km^2。

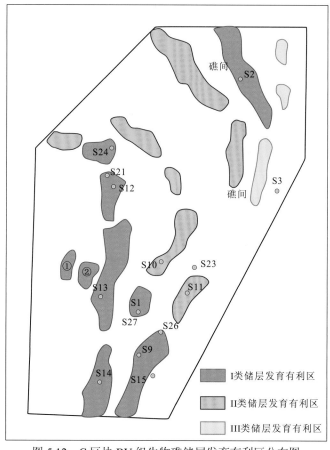

图 5.12　C 区块 BV 组生物礁储层发育有利区分布图

依据上述评价，在 S13 井西北部，BV 组发现两排微生物礁（图 5.13），从 C 区块过 S13 井北西向 BV 组底层拉平地震剖面可见（剖面位置见图 5.13），两排微生物礁均位于基底隆起之上。最西北部的①号礁体隆起幅度最高，具有典型的丘形断续杂乱-空白反射特征，面积约为 17 km²；②号礁体隆起幅度与 S13 井礁体相似，具有断续中弱振幅中频反射特征，面积约为 20 km²。平面上，两排礁体呈北东-南西走向，与 C 区块 TUPI 高地北西斜坡其他礁体展布方向一致，但与其他礁体不同的是，两排礁体北东方向展布范围小，呈短轴状（图 5.14），分析其与基底构造形态有关。从构造沉积成因机理上分析，这两排礁体主要发育在 BV 组 SSQ6、SSQ7 层序，基于礁体之下的 ITP 组厚度及地震相特征向两侧横向没有明显变化，属于间歇性隆起控礁类型。

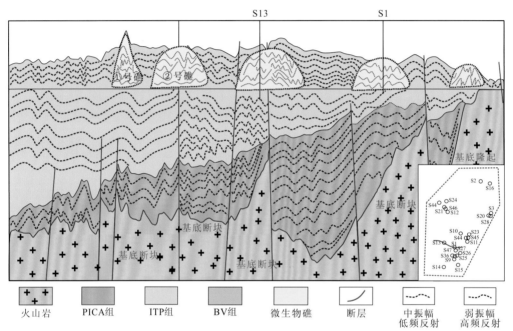

图 5.13　C 区块过 S13 井北西向 BV 组底层拉平地震剖面

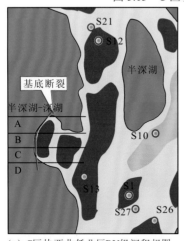

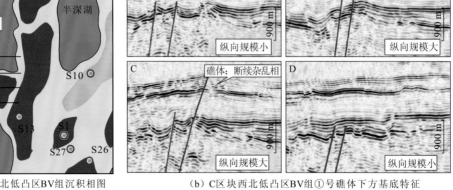

（a）C 区块西北低凸区 BV 组沉积相图　　　（b）C 区块西北低凸区 BV 组①号礁体下方基底特征

图 5.14　C 区块西北低凸区 BV 组沉积相图和①号礁体下方基底特征

从①号礁体内幕地震响应特征看，顶部两个相位（分别对应 SSQ6 及 SSQ7 层序）均具有强振幅、低波阻抗的特征（图 5.15），反映在礁体顶部储层物性好，是典型有利储层发育的地震响应特征，综合评价该礁体发育区为 I 类储层发育有利区。

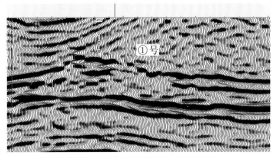

(a) S13 井北西①号礁体振幅剖面　　　　　(b) S13 井北西①号礁体波阻抗剖面

图 5.15　C 区块 S13 井北西①号礁体振幅及波阻抗剖面

从常规地震剖面及波阻抗反演剖面识别出两期位于礁体顶部的储层，为礁盖储层（图 5.16）。C 区块 BV 组①号礁体及储层地震响应特征与四川东北部元坝长兴组生物礁极为相似。图 5.17 为四川东北部元坝长兴组 205 井过井振幅与波阻抗融合显示剖面及

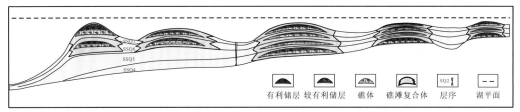

图 5.16　C 区块过 S13 井北西向 BV 组礁滩体沉积示意图

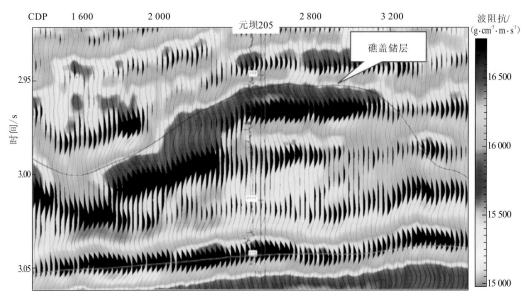

图 5.17　四川东北部元坝长兴组 205 井过井振幅与波阻抗融合显示剖面及地质模型

地质模型，在礁体顶部储层发育程度好，强振幅、低波阻抗地震响应特征明显，早期发育两期台内滩，晚期发育两期台缘礁，礁体优质储层厚度在 50 m 左右，测试获产为 $308 \times 10^4 \, \text{m}^3/\text{d}$，日产天然气为 $60 \times 10^4 \sim 70 \times 10^4 \, \text{m}^3$。

从基底断块解释结果与礁体分布特征上看礁体分布与基底断块一致，这印证了构造活动控制古地貌、古地貌控制礁体的沉积机理认识（图 5.14）。

C 区块①号礁体发育于 TUPI 高地北西部远离隆起的斜坡低部位低凸区域，远离隆起的斜坡低部位在桑托斯盆地勘探程度低，分布面积大，桑托斯盆地低凸区也发育较好的微生物礁储层，展现了广阔的勘探前景。

第6章 盐下湖相碳酸盐岩储层预测流程及技术体系

6.1 预 测 思 路

桑托斯盆地湖相碳酸盐岩气藏主要为古构造背景下的岩性气藏,储层主要为微生物礁、介壳滩等优势沉积相带,研究区钻井分布不均、地震资料品质不高,研究基础较为薄弱,加之储层反射特征复杂,预测难度大。针对预测的难点,地质地球物理一体化协同攻关,拉张构造背景下大型盐下湖相碳酸盐岩储层评价与预测思路总结为"三个一"。

(1)打牢一个基础:打牢地质理论及机理研究基础,重点从层序地层、沉积相、成岩作用、储层识别及分类4个方面开展研究。

(2)形成一套方法:形成地质评价及地球物理预测方法,以地质模式为指导,建立地质-地球物理一体化储层评价及预测方法。

(3)实现一个目标:将方法技术应用于大型盐下湖相碳酸盐岩储层预测与综合评价实践,以满足勘探早期类似盆地及油气藏碳酸盐岩储层评价和预测工作的需要。

6.2 预 测 流 程

本节所形成的拉张构造背景下大型盐下湖相碳酸盐岩储层评价与预测流程主要有三步。

(1)明确地质规律:明确层序发育模式、沉积模式、构造-沉积演化模式、成岩演化规律、储层主控因素5类地质规律。

(2)确立预测模式:确立古地貌、相带、储层划分标准与预测3类预测模式。

(3)配套技术体系:建立拉张构造背景下大型盐下湖相碳酸盐岩储层评价与预测技术体系。

本书在拉张构造背景下大型盐下湖相碳酸盐岩发育关键地质规律研究的基础上,根据地质地球物理一体化,优选针对性地质评价方法和地球物理技术,实现重点区块储层精细预测,识别出有利勘探目标。所建立的拉张构造背景下大型盐下湖相碳酸盐岩储层评价与预测技术体系主要筛选、集成"层序地层、储层成因、古地貌分析、相带预测、储层预测与评价"5项储层预测核心技术系列,确立10项关键预测技术,这10项关键技术分别为：井震界面识别与对比方法、滑移窗频谱分析技术、成岩演化分析方法、古地貌恢复及划分方法、古地貌约束地震相分析法、层序-沉积相编图方法、地震属性分析技术、地震波阻抗反演技术、地震模型正演技术、井震一体化储层综合评价。由此，建立较为完善的以"拉张构造背景下大型盐下湖相碳酸盐岩"为典型特色的储层评价与预测技术流程，为同类型油气藏勘探开发提供技术支撑。预测技术流程见图6.1。

图6.1　拉张构造背景下大型盐下湖相碳酸盐岩储层评价与预测流程

6.3　主要技术成果及技术概要

桑托斯盆地白垩系盐下湖相碳酸盐岩储层发育于持续活动且伴随多期火山活动的断陷湖盆，湖相碳酸盐岩沉积及储层发育受基底构造、古地貌、古湖盆地化特征等多重因素联合控制，储层评价与预测面临诸多难点：一是不同断陷湖盆层序发育特征不同，高频层序横向对比难度极大，而常规海相层序地层分析难以适应此类湖盆研究，需要形成针对性的层序研究方法；二是湖相碳酸盐岩沉积机理和时空演化规律认识不清楚，沉积模式具有多样性；三是储层发育条件、成因机理和主控因素不明确；四是储层评价和有利储层发育区预测技术不成熟，严重制约区块评价及勘探部署。

针对上述难点，地质地球物理一体化协同攻关在层序地层、沉积相、储层发育特征、优势相带预测、储层识别和分布预测、有利区综合评价等全链条重点研究内容中，形成了多项地质-地球物理一体化研究方法与配套技术，有效地提升储层预测成果的可靠性，为选区评价提供了重要支撑，可为类似湖相碳酸盐岩油气藏或沉积层序研究提供参考与借鉴，主要表现在以下几个方面。

1. 明确层序发育模式

综合测井、地震界面识别及古地貌特征，确立桑托斯盆地 ITP—BV 组井-震层序界面识别标志，厘定层序地层划分方案：将 BV 组划分成 1 个三级层序，4 个四级层序；ITP 组划分成 1 个三级层序，3 个四级层序。建立高频层序地层格架，识别出不同古地貌背景下3类典型三级层序充填样式,明确层序发育模式。

(1)创建滑移窗频谱分析、小波层序识别和划分等测井旋回识别和划分技术。该两类技术主要通过测井频谱分析,自动识别地层纵向旋回性变化特征,以此作为各级次层序划分的重要参考,降低人工测井旋回识别的主观性,提升旋回划分精度。

(2)创建地震三级层序界面及旋回识别技术。在各级层序界面钻井岩性、电性特征识别基础上,通过合成地震记录井震精细标定与骨架地震剖面层序界面追踪,将典型地层超覆关系、界面反射标志、内幕反射特征三类标志作为三级层序界面识别依据,较好地提升了三级层序界面识别的可靠性。

(3)井震结合,建立三级及四级层序地层格架。结合测井旋回划分结果,确认地震资料中独立反射相位与四级层序对应,通过连井地震剖面层位精细对比,建立井震一致的高频层序地层格架,明确不同时期、不同区域、同一层序内地层厚度、沉积相、岩相等多种地质特征存在明显差异。

(4)采用古地貌及地震反射结构联合分析技术,识别典型三级层序充填样式。通过地震剖面的对比解剖,识别不同区域、不同古地貌背景下存在三类典型的三级层序充填样式:凸起过饱和充填、缓坡近饱和充填和陡坡欠补偿充填。

(5)利用层拉平及厚度图制作等方法,明确了湖相碳酸盐岩层序发育前的湖盆形态,提出了构造-沉积背景是决定该区湖相碳酸盐岩层序发育的关键。识别C区块"三凸两洼"的隆凹格局,该格局控制了湖盆的形态及规模,制约了各层序沉积相带的分布特征。

2. 明确各层序礁滩沉积演化规律

建立适用于桑托斯盆地盐下湖相碳酸盐岩的岩石结构成因分类方案;阐明ITP—BV组盐下湖相碳酸盐岩沉积亚相和微相特征;提出大型盐下湖相碳酸盐岩沉积机理和沉积模式;明确各层序礁滩沉积演化规律。

(1)提出"机械-化学-生物"三端元岩石结构成因分类方案,ITP—BV组划分出"三大类17小类"湖相碳酸盐岩,三大类碳酸盐岩分别为机械沉积碳酸盐岩类、化学沉淀碳酸盐岩类、微生物碳酸盐岩类。

(2)桑托斯盆地ITP—BV组盐下湖相碳酸盐岩主要发育湖相浅滩和微生物礁两类主要沉积亚相和12类沉积微相。

(3)明确"古地貌、古水体性质、古水深"三因素主控的大型盐下湖相碳酸盐岩沉积机理。

(4)结合地震剖面古地貌特征,建立断陷湖盆"缓坡聚滩"和"凸起及坡折控礁"沉积模式。

(5)综合各湖盆古地貌特征与层序发育特征,结合构造演化规律,明确了各层序礁滩沉积演化规律。

3. 明确盐下湖相碳酸盐岩储层成因及主控因素

桑托斯盆地盐下湖相碳酸盐岩成岩演化过程复杂，以次生孔隙为主，识别了多类成岩作用类型和成岩相组合，划分出三个成岩演化阶段，结合古地貌、沉积微相、地震属性预测了有利成岩相带，进一步剖析了湖相碳酸盐岩储层发育的主控因素。

（1）桑托斯盆地 ITP 组介壳灰岩储层以溶孔、铸模孔等次生孔隙为主，含少量剩余粒间孔，发育三期溶蚀作用；BV 组叠层石微生物灰岩储层以粒间溶（扩）孔、生长格架孔为主，可识别出三期白云石化、硅化和溶蚀作用，广泛的白云石化作用与流体流动通道、Mg^{2+} 来源、多期流体活动有关，有利成岩相主要为胶结-溶蚀相及溶蚀相。

（2）识别泥晶化、重结晶、胶结、压实、溶蚀等主要成岩作用类型，划分出 8 种成岩相类型和 5 种成岩相组合。

（3）从烃类演化阶段和有机质成熟度来判断成岩演化阶段，明确研究区盐下湖相碳酸盐岩储层处于中成岩阶段，储层的孔隙演化按成岩阶段可分为准同生期、早成岩期和中成岩期。

（4）创建成岩相与层序、构造古地貌相结合分析方法。在层序格架内，综合单井、连井成岩相特征及古地貌、沉积微相、对物性较为敏感的均方根振幅属性特征等，得到研究区有利成岩相的平面展布图，明确了不同古地貌背景发育不同成岩相。

（5）通过层序格架内不同古地貌钻井有利储层纵横向分布规律分析，结合储层成因分析，创新性提出优质储层发育主要受"古构造、古水体、成岩相"三元控制。

4. 形成盐下湖相碳酸盐岩优势相带分布预测方法技术

建立古地貌划分标准，划分出多类古地貌；识别出 3 种古地貌高地形成控制因素；明确各区块主要目的层古地貌及相带分布特征；建立 4 种基于古地貌演化特征的湖相生物礁滩成因模式。明确不同古地貌部位湖相碳酸盐岩地震相特征，结合火山岩地震响应差异性分析，预测 ITP—BV 组有利礁滩相带分布。

（1）建立厚度、反射结构、地层倾角三因素古地貌划分标准，划分出高地、凸起、低凸、高能洼地、缓坡、陡坡、洼陷 7 类古地貌；识别出持续性古隆起、构造活动及火山喷发三种古地貌形成控制因素；主要采用二维剖面层拉平及三维厚度分析方法，结合可视化显示手段，识别了重点研究区"三凸两洼"的古地貌格局。

（2）采用岩石速度结构分析及相控模型正演，明确了盐下湖相碳酸盐岩在不同古地貌背景和不同相带的地震相特征。提出同一微相在不同古地貌部位，地震相特征有明显差异的观点，创建了岩性-电性-地震相-古地貌综合识别图版，明确湖相微生物礁 4 类沉积微相、浅滩 2 类微相和其他 3 类沉积亚相在不同古地貌背景中的地震相特征。

（3）为避免钻遇岩浆岩，通过相控模型正演，分别建立火山通道相、喷发溢流相及侵入成因相地震响应特征，建立岩浆岩地质-地球物理识别模式，大大提高了礁滩相带预测的可靠性。

（4）主要依托地震相分析、地震属性分析及古地貌研究成果，采用层序-沉积相编图方法，主要识别了重点研究区多个环带状优势礁滩相带的分布。

5. 确立"基底构造-古地貌-地震相"三要素递进约束湖相礁滩储层识别新方法

通过井震精细标定、模型正演及地球物理属性敏感性分析，建立礁滩储层综合预测模式；建立地质地球物理一体化储层综合评价标准；依托地震储层预测技术精细预测和描述重点目标区有利盐下湖相碳酸盐岩储层分布，结合基底构造，从构造沉积演化机理上论证了预测的可靠性；通过类比解剖，指出多个有利勘探目标，展示桑托斯盆地广阔的勘探前景。

（1）在储层岩电响应特征分析基础上，利用合成地震记录储层精细标定技术、模型正演技术，结合地震剖面古地貌及地震相特征分析，储层物性与地震振幅及波阻抗属性相关性分析，建立两类礁滩储层综合预测模式。

（2）基于多期地震层序约束波阻抗建模，采用模型约束波阻抗反演，基于不同类型储层与地震反演波阻抗交会关系，获得储层平均孔隙度及厚度预测结果，定量描述有利储层的空间分布。

（3）基于古地貌、沉积微相、岩性、物性、振幅及波阻抗属性，创建桑托斯盆地盐下湖相碳酸盐岩储层地质地球物理一体化分类评价标准。

（4）技术成果应用于重点目标区，识别出 ITP 组、BV 组围绕凸起发育的三个有利环形礁滩相带，深入剖析有利目标区地质成因，有利目标区分布主要受基底构造、古地貌联合控制，通过"基底构造-古地貌-地震相"三要素递进约束，可提升断陷湖盆礁滩储层识别精度。

参 考 文 献

白国平, 2007. 波斯湾盆地油气分布主控因素初探. 中国石油大学学报(自然科学版), 31(3): 28-32, 38.

白国平, 曹斌风, 2014. 全球深层油气藏及其分布规律. 石油与天然气地质, 35(1): 19-25.

曹瑞骥, 袁训来, 2006. 叠层石. 合肥: 中国科学技术大学出版社.

柴春艳, 钱勇先, 苏建政, 等, 2002. 深感应测井深度域反演算法及应用. 江汉石油学院学报, 24(2): 42-44.

常玉光, 齐永安, 郑伟, 等, 2013. 中国豫西寒武系馒头组叠层石的沉积特征及其古环境意义. 沉积学报, 31(1): 10-19.

陈建业, 冯庆来, 陈晶, 等, 2007. 广西东攀二叠系—三叠系界线剖面基于岩石磁参数的米兰科维奇旋回特征和地层对比. 地层学杂志, 31(4): 309-316.

陈凯, 康洪泉, 吴景富, 等, 2016. 巴西桑托斯盆地大型油气田富集主控因素. 地质科技情报, 35(3): 151-158.

陈茂山, 1999. 测井资料的两种深度域频谱分析方法及在层序地层学研究中的应用. 石油地球物理勘探, 34(1): 57-64.

陈彦华, 刘莺, 1994. 成岩相—储集体预测的新途径. 石油实验地质, 16(3): 274-281.

陈子炓, 寿建峰, 王少依, 等, 2004. 柴达木盆地西部地区第三系湖相藻灰岩油气藏及勘探潜力. 中国石油勘探, 9(5): 3, 59-66.

陈宗清, 2008. 四川盆地长兴组生物礁气藏及天然气勘探. 石油勘探与开发, 35(2): 148-156, 163.

程涛, 康洪全, 白博, 等, 2018. 巴西桑托斯盆地盐下湖相碳酸盐岩勘探关键技术及其应用. 中国海上油气, 30(4): 27-35.

程涛, 康洪全, 梁建设, 等, 2019. 巴西桑托斯盆地岩浆岩成因类型划分与活动期次分析. 中国海上油气, 31(4): 55-66.

党皓文, 刘建波, 袁鑫鹏, 2009. 湖北兴山中寒武统覃家庙群微生物岩及其古环境意义. 北京大学学报(自然科学版), 45(2): 289-298.

邓宏文, 郭建宇, 王瑞菊, 等, 2008a. 陆相断陷盆地的构造层序地层分析. 地学前缘, 15(2): 1-7.

邓宏文, 马立祥, 姜正龙, 等, 2008b. 车镇凹陷大王北地区沙二段滩坝成因类型、分布规律与控制因素研究. 沉积学报, 26(5): 715-724.

邓康龄, 2001. 四川盆地柏垭—石龙场地区自流井组大安寨段油气成藏地质条件. 油气地质与采收率, 8(2): 5, 9-13.

杜金虎, 邹才能, 徐春春, 等, 2014. 川中古隆起龙王庙组特大型气田战略发现与理论技术创新. 石油勘探与开发, 41(3): 268-277.

范存辉, 王保全, 朱雨萍, 等, 2012. 盐下油气藏勘探开发现状与发展趋势. 特种油气藏, 19(4): 7-10.

范正秀, 旷红伟, 柳永清, 等, 2018. 扬子克拉通北缘中元古界神农架群乱石沟组叠层石类型及其沉积学意义. 古地理学报, 20(4): 545-561.

管守锐, 白光勇, 狄明信, 1985. 山东平邑盆地下第三系官庄组中段碳酸盐岩沉积特征及沉积环境. 华东石油学院学报, 9(3): 9-20.

侯波, 康洪全, 程涛, 等, 2019. 桑托斯盆地盐下碳酸盐岩储层伴生侵入岩预测及应用. 海洋地质前沿, 35(5): 31-38.

胡中平, 林伯香, 薛诗桂, 2009. 深度域子波分析及褶积研究. 石油地球物理勘探, 44(增刊 1): 29-33.

黄杏珍, 邵宏舜, 闫存凤, 等, 2001. 泌阳凹陷下第三系湖相白云岩形成条件. 沉积学报, 19(2): 207-213.

纪友亮, 马达德, 薛建勤, 等, 2017. 柴达木盆地西部新生界陆相湖盆碳酸盐岩沉积环境与沉积模式. 古地理学报, 19(5): 757-772.

贾怀存, 康洪全, 梁建设, 等, 2021. 桑托斯盆地湖相碳酸盐岩储层特征及控制因素. 西南石油大学学报(自然科学版), 43(2): 1-9.

姜在兴, 杨伟利, 操应长, 2002. 东营凹陷沙河街组三段—二段下亚段沉积层序及成因. 石油与天然气地质, 23(2): 127-129, 153.

蒋裕强, 漆麟, 邓海波, 等, 2010. 四川盆地侏罗系油气成藏条件及勘探潜力. 天然气工业, 30(3): 22-26, 127.

金民东, 谭秀成, 李毕松, 等, 2019. 四川盆地震旦系灯影组白云岩成因. 沉积学报, 37(3): 443-454.

康洪全, 程涛, 李明刚, 等, 2016. 巴西桑托斯盆地油气成藏特征及主控因素分析. 中国海上油气, 28(4): 1-8.

康洪全, 贾怀存, 程涛, 等, 2018a. 南大西洋两岸含盐盆地裂谷层序油气地质特征与油气分布特征对比. 地质科技情报, 37(4): 113-119.

康洪全, 吕杰, 程涛, 2018b. 桑托斯盆地白垩系盐下 Barra Velha 组叠层石灰岩沉积环境探讨. 海相油气地质, 23(1): 29-36.

康洪全, 吕杰, 程涛, 等, 2018c. 巴西桑托斯盆地盐下湖相碳酸盐岩储层特征. 海洋地质与第四纪地质, 38(4): 170-178.

康玉柱, 2007. 中国古生代大型油气田成藏条件及勘探方向. 天然气工业, 27(8): 1-5, 127.

李大成, 2005. 国内外海相油气基本地质特征及下步研究建议. 海相油气地质, 10(1): 13-17.

李军, 陶士振, 汪泽成, 等, 2010. 川东北地区侏罗系油气地质特征与成藏主控因素. 天然气地球科学, 21(5): 732-741.

李明刚, 2017. 桑托斯盆地盐下裂谷系构造特征及圈闭发育模式. 断块油气田, 24(5): 608-612.

梁英波, 张光亚, 刘祚冬, 等, 2011. 巴西坎普斯—桑托斯盆地油气差异富集规律. 海洋地质前沿, 27(12): 55-62.

林金逞, 邓宏文, 田世澄, 等, 2001. 应用深度域高分辨率地震反演识别低渗透薄互层储层研究. 地学前缘, 8(4): 372.

刘树根, 孙玮, 罗志立, 等, 2013. 兴凯地裂运动与四川盆地下组合油气勘探. 成都理工大学学报(自然科学版), 40(5): 511-520.

刘树根, 宋金民, 罗平, 等, 2016. 四川盆地深层微生物碳酸盐岩储层特征及其油气勘探前景. 成都理工大学学报(自然科学版), 43(2): 129-152.

龙翼, 刘树根, 宋金民, 等, 2016. 龙岗地区中三叠统雷四^{3}亚段储层特征及控制因素. 岩性油气藏, 28(6): 36-44.

罗冰, 杨跃明, 罗文军, 等, 2015. 川中古隆起灯影组储层发育控制因素及展布. 石油学报, 36(4): 416-426.

罗晓彤, 文华国, 彭才, 等, 2020. 巴西桑托斯盆地L油田BV组湖相碳酸盐岩沉积特征及高精度层序划分. 岩性油气藏, 32(3): 68-81.

马永生, 1994. 华北北部晚寒武世沉积旋回分析. 地质论评, 40(2): 165-172.

马雨轩, 张立军, 赵曌, 2019. 豫西南上泥盆统叠层石微组构特征及其成因意义. 地质科技情报, 38(3): 127-134, 156.

梅冥相, 马永生, 周洪瑞, 等, 2001. 雾迷山旋回层的费希尔图解及其在定义前寒武纪三级海平面变化中的应用. 地球学报, 22(5): 429-436.

聂海宽, 马鑫, 余川, 等, 2017. 川东下侏罗统自流井组页岩储层特征及勘探潜力评价. 石油与天然气地质, 38(3): 438-447.

秦川, 2012. 川西坳陷中北部三叠系雷口坡组—马鞍塘组储层特征及油气勘探前景. 成都: 成都理工大学.

宋国奇, 王延章, 路达, 等, 2012. 山东东营凹陷南坡地区沙四段纯下亚段湖相碳酸盐岩滩坝发育的控制因素探讨. 古地理学报, 14(5): 565-570.

苏新, 丁旋, 姜在兴, 等, 2012. 用微体古生物定量水深法对东营凹陷沙四上亚段沉积早期湖泊水深再造. 地学前缘, 19(1): 188-199.

孙钰, 钟建华, 袁向春, 等, 2008a. 国内湖相碳酸盐岩研究的回顾与展望. 特种油气藏, 15(5): 1-6.

孙钰, 钟建华, 袁向春, 等, 2008b. 惠民凹陷沙一段湖相碳酸盐岩层序地层分析. 石油学报, 29(2): 213-218.

谭梦琪, 2017. 四川盆地回龙地区下侏罗统自流井组大安寨段层序地层与沉积特征研究. 成都: 成都理工大学.

陶崇智, 邓超, 白国平, 等, 2013. 巴西坎波斯盆地和桑托斯盆地油气分布差异及主控因素. 吉林大学学报(地球科学版), 43(6): 1753-1761.

汪新伟, 邬长武, 郭永强, 等, 2013. 巴西桑托斯盆地卢拉油田成藏特征及对盐下勘探的启迪. 中国石油勘探, 18(3): 61-69.

汪新伟, 孟庆强, 邬长武, 等, 2015. 巴西大坎波斯盆地裂谷体系及其对盐下成藏的控制作用. 石油与天然气地质, 36(2): 193-202.

王朝锋, 邵大力, 唐鹏程, 等, 2016. 巴西桑托斯盆地深水区S油田火成岩地震响应及分布特征. 物探化探计算技术, 38(6): 805-809.

王成善, 李祥辉, 陈洪德, 等, 1999. 中国南方二叠纪海平面变化及升降事件. 沉积学报, 17(4): 536-541.

王延章, 2011. 古水深对碳酸盐岩滩坝发育的控制作用. 大庆石油地质与开发, 30(6): 27-31.

王延章, 王新征, 石小虎, 等, 2013. 古气候及其对碳酸盐岩滩坝发育的控制作用. 西南石油大学学报(自然科学版), 35(5): 15-22.

王一刚, 洪海涛, 夏茂龙, 等, 2008. 四川盆地二叠、三叠系环海槽礁、滩富气带勘探. 天然气工业, 28(1): 22-27.

王颖, 王晓州, 廖计华, 等, 2016. 巴西桑托斯盆地白垩系湖相藻叠层石礁特征及主控因素分析. 沉积学报, 34(5): 819-829.

王颖, 王晓州, 康洪全, 等, 2017. 桑托斯盆地白垩系湖相碳酸盐岩微生物礁滩的成因. 成都理工大学学报(自然科学版), 44(1): 67-75.

魏国齐, 杨威, 杜金虎, 等, 2015. 四川盆地震旦纪—早寒武世克拉通内裂陷地质特征. 天然气工业, 35(1): 24-35.

邬长武, 2015. 巴西桑托斯盆地盐下层序油气地质特征与有利区预测. 石油实验地质, 37(1): 53-56, 63.

武静, 赵鹏飞, 王晖, 等, 2019. 巴西桑托斯盆地 A 区块 Barra Velha 组古地貌及其对储层的控制. 海洋地质前沿, 35(1): 53-59.

肖传桃, 吴彭珊, 李沫汝, 等, 2018. 湖北松滋地区下奥陶统叠层石沉积特征. 沉积学报, 36(5): 853-863.

熊利平, 邬长武, 郭永强, 等, 2013. 巴西海上坎波斯与桑托斯盆地油气成藏特征对比研究. 石油实验地质, 35(4): 419-425.

徐思维, 2016. 巴西桑托斯盆地盐下碳酸盐岩台地沉积相正演模拟. 北京: 中国地质大学(北京).

徐哲航, 兰才俊, 杨伟强, 等, 2018. 四川盆地震旦系灯影组微生物丘沉积演化特征. 大庆石油地质与开发, 37(2): 15-25.

许建华, 吕树新, 2007. 羌塘盆地侏罗系碳酸盐岩储集层特征. 新疆石油地质, 28(3): 300-303.

杨华, 席胜利, 魏新善, 等, 2006. 苏里格地区天然气勘探潜力分析. 天然气工业, 26(12): 45-48, 195.

姚琳, 肖恩照, 姚尧, 等, 2018. 河北井陉上坪寒武系层序地层格架下鲕粒滩和微生物岩分布形式. 成都理工大学学报(自然科学版), 45(2): 177-188.

姚振兴, 高星, 李维新, 2003. 用于深度域地震剖面衰减与频散补偿的反 Q 滤波方法. 地球物理学报, 46(2): 229-233.

伊海生, 2011. 测井曲线旋回分析在碳酸盐岩层序地层研究中的应用. 古地理学报, 13(4): 456-466.

曾允孚, 夏文杰, 1986. 沉积岩石学. 北京: 地质出版社.

张德民, 段太忠, 张忠民, 等, 2018. 湖相微生物碳酸盐岩沉积相模式研究: 以桑托斯盆地 A 油田为例. 西北大学学报(自然科学版), 48(3): 413-422.

张金伟, 胡俊峰, 杜笑梅, 等, 2015. 巴西桑托斯盆地油气成藏模式及勘探方向. 长江大学学报(自科版), 12(17): 8-13, 3.

张静, 杨勤林, 王天琦, 2010. 深度域地震反演方法探索. 石油地球物理勘探, 45(增刊 1): 114-116.

张雪建, 梁锋, 王桂玲, 2000. 深度域合成地震记录的制作方法研究. 石油地球物理勘探, 35(3): 377-380, 385.

赵澄林, 2001. 油区岩相古地理. 青岛: 中国石油大学出版社: 295-311.

郑兴平, 周进高, 吴兴宁, 2004. 碳酸盐岩高频层序定量分析技术及其应用. 中国石油勘探, 9(5): 26-30.

钟勇, 李亚林, 张晓斌, 等, 2013. 四川盆地下组合张性构造特征. 成都理工大学学报(自然科学版), 40(5): 498-510.

周丽清, 邵德艳, 1994. 北京十三陵中元古界蓟县系雾迷山组原地风暴沉积的砾屑体. 沉积学报, 12(2): 72-76.

周丽清, 赵澂林, 刘孟慧, 1989. 燕山西段前寒武系雾迷山组叠层石的环境意义. 石油大学学报(自然科学版), 13(3): 11-20.

周志澄, 罗辉, 许波, 等, 2018. 四川江油渔洞子飞仙关组巨鲕灰岩的成因解释: 在微观及超微世界里认识华南早三叠世巨鲕灰岩的成因. 地层学杂志, 42(2): 145-158.

朱石磊, 吴克强, 吕明, 等, 2017. 巴西坎波斯盆地湖相介壳灰岩特征及沉积模式. 中国海上油气, 29(2): 36-45.

朱毅秀, 高兴, 杨程宇, 等, 2011. 巴西坎普斯盆地油气地质特征. 海相油气地质, 16(3): 22-29.

ABRAHAO D, WARME J E, 1990. Lacustrine and associated deposits in a rifted continental margin—Lower Cretaceous Lagoa Feia Formation, Campos Basin, offshore Brazil//KATZ B J. Lacustrine basin exploration—case studies and modern analogs (Memoir vol. 50). Tulsa: AAPG: 287-305.

ALETA D G A, TOMITA K, KAWANO M, 2000. Mineralogical descriptions of the bentonite in Balamban, Cebu Province, Philippines. Clay Science, 11(3): 299-316.

ALVARENGA R S, LACOPINI D, KUCHLE J, et al., 2016. Seismic characteristics and distribution of hydrothermal vent complexes in the Cretaceous offshore rift section of the Campos Basin, offshore Brazil. Marine and Petroleum Geology, 74: 12-25.

ARMELENTI G, GOLDBERG K, KUCHLE J, et al., 2016. Deposition, diagenesis and reservoir potential of non-carbonate sedimentary rocks from the rift section of Campos Basin, Brazil. Petroleum Geoscience, 22(3): 223-239.

ASMUS H E, BAISCH P R, 1983. Geological evolution of the Brazilian continental margin. Episodes, 4: 3-9.

AWADEESIAN A, AL-JAWED S N A, SALEH A H, et al., 2015. Mishrif carbonates facies and diagenesis glossary, South Iraq microfacies investigation technique: Types, classification, and related diagenetic impacts. Arabian Journal of Geosciences, 8(12): 10715-10737.

BATHURST R G C, 1975. Carbonate sediments and their diagenesis. 2nd ed. Amsterdam: Elsevier: 658.

BRAGA J A E, ZABALAGA J C, OLIVEIRA J J, et al., 1994. Reconcavo Basin, Brazil: A prolific intracontinental rift basin: Chapter 5: Part II. Examples of other rift basins//LANDON S M. Interior rift basins (Memoir vol. 59). Tulsa: AAPG: 157-203.

BUSTILLO M A, TANTUM D, 2010. Silicification of continental carbonates//ALONSO-ZARZA A, TANNER L H. Carbonates in continental settings: Geochemistry, diagenesis, facies and applications. Developments in Sedimentology, 62: 153-174.

CAINELLI C, MOHRIAK W U, 1998. Geology of Atlantic Eastern Brazilian basins//1998 American Association of Petroleum Geologists International Conference and Exhibitions. Rio de Janeiro: 1-67.

CAMPOS C W, MIURA K, REIS L A N, 1975. The East Brazilian continental margin and petroleum prospects//Proceedings 9th World Petroleum Congress(Actes et Documents-9eme Congres Mondial du Petrole). Chichester: John Wiley and Sons: 9: 71-81.

CASTRO J C, AZAMBUJA F, XAVIER N C, 1981. Facies e analise eStratigrafica da Formacao Lagoa Feia, Cretaceo Infrerior da Baciada Campos//San Luis 2. VIII Congreso Geológico. Argentino: AAPG: 567-576.

CERLING T E, 1994. Chemistry of closed basin lake waters: A comparison between African Rift Valley and some central North American rivers and lakes//The Global Geological Record of Lake Basins. Cambridge, 1: 29-30.

CERLING T E, 1996. Pore water chemistry of an alkaline lake: Lake Turkana, Kenya//Limnology, Climatology and Paleoclimatology of the East African Lakes, 225: 240.

CHAFETZ H S, WILKINSON B H, LOVE K M, 1985. Morphology and composition of non-marine carbonate cements in near-surface settings//SCHNEIDERMANN N, HARRIS P M. Carbonate cements. Tulsa: SEPM: 36.

CHANG H K, KOWSMANN R O, FIGUEIREDO A M F, et al., 1992. Tectonics and stratigraphy of the East Brazil rift system. Tectonophysics, 213(1-2): 97-138.

CHANG H K, ASSINE M L, CORRÊA F S, et al., 2008. Sistemas petrolíferos e modelos de acumulação de hidrocarbonetos na Bacia de Santos. Revista Brasileira de Geociências, 38(2): 29-46.

DARRAGI F, TARDY Y, 1987. Authigenic trioctahedral smectites controlling pH, alkalinity, silica and magnesium concentrations in alkaline lakes. Chemical Geology, 61(1-2): 59-72.

DAVIES G R, 2004. Hydrothermal (thermobaric) dolomitization: Rock fabric and organic petrology support for emplacement under conditions of thermal transients, shear stress, high pore fluid pressure with abrupt pressure transients, hydrofracturing, episodic rapid fluid flow, and instantaneous cementation by saddle dolomite//MCAULEY R. Dolomites-the spectrum: Mechanisms, models, reservoir development. Calgary: Canadian Society of Petroleum Geologists Seminar and Core Conference.

DOROBEK S L, 2008. Tectonic and depositional controls on syn-rift carbonate platform sedimentation. Tulsa: SEPM: 57-81.

DAVIES G R, SMITH JR L B, 2006. Structurally controlled hydrothermal dolomite reservoir facies: An overview. AAPG Bulletin, 90(11): 1641-1690.

DE PAULA FARIA D L, DOS REIS A T, DE SOUZA JR O G, 2017. Three-dimensional stratigraphic-sedimentological forward modeling of an Aptian carbonate reservoir deposited during the sag stage in the Santos basin, Brazil. Marine and Petroleum Geology, 88: 676-695.

DOROBEK S L, 2008. Syn-rift carbonate platform sedimentation. SEPM Special Publications, 89: 57-81.

DUNHAM R J, 1962. Classification of carbonate rocks according to depositional texture//HAM W E. Classification of carbonate rocks. A symposium (Memoir vol. 1). Tulsa: AAPG: 1: 108-171.

EMBRY A F, KLOVAN J E, 1971. A late Devonian reef tract on northeastern Banks Island, NWT. Bulletin of Canadian Petroleum Geology, 19(4): 730-781.

FARIAS F, SZATMARE P, BAHNIUK A, et al., 2019. Evaporitic carbonates in the pre-salt of Santos Basin: Genesis and tectonic implications. Marine and Petroleum Geology, 105: 251-272.

FARIAS F, SZATMARI P, BAHNIUK A, et al., 2021. Evaporitic carbonates in the pre-salt of Santos Basin: genesis and tectonic implications:A reply. Marine and Petroleum Geology, 133: 105201.

FETTER M, MORAES A, 2015. Active low-angle normal faults in the deep water Santos Basin, offshore Brazil: A geomechanical analogy between salt tectonics and crustal deformation//Conference: The geology of geomechanics - the geological society, London, UK Volume.

FISCHER A G, 1964. The lofer cyclothem of the Alpine Trassic. Kansas Geological Survey Bulletin, 169: 107-149.

FOLK R L, 1959. Practical petrographic classification of limestones. AAPG Bulletin, 43: 1-38.

FOLK R L, 1962. Spectral subdivision of limestone types//HAM W E. Classification of Carbonate Rocks. A Symposium (Memoir vol. 1). Tulsa: AAPG: 62-84.

FURQUIM S A C, GRAHAM R C, BARBIERO L, et al., 2008. Mineralogy and genesis of smectites in an alkaline-saline environment of Pantanal wetland, Brazil. Clays and Clay Minerals, 56(5): 579-595.

GOLDBERG K, KUCHLE J, SCHERER C, et al., 2017. Re-sedimented deposits in the rift section of the Campos Basin. Marine and Petroleum Geology, 80: 412-431.

GOLDHAMMER R K, DUNN P A, HARDIE L A, 1987. High frequency glacio-eustatic sea-level oscillations with Milankovitch characteristics recorded in the Middle Triassic platform carbonates in Northern Italy. American Journal of Science, 287(9): 853-892.

GORGAS T J, WILKENS R H, 2002. Sedimentation rates off SW Africa since the late Miocene deciphered from spectral analyses of borehole and GRA bulk density profiles: ODP Sites 1081-1084. Marine Geology, 180(1-4): 29-47.

GUARDADO L R, GAMBOA L A P, LUCCHESI C F, 1990. Petroleum geology of the Campos Basin, Brazil, a model for a producing Atlantic-type Basin//EDWARDS J D, SANTOGROSSI P A. Divergent-passive margin basins (Memoir vol. 48). Tulsa: AAPG: 3-79.

GUGGENHEIM S, 2015. Introduction to Mg-rich clay minerals: Structure and composition//POZO M, GALÁN E. Magnesian clays: Characterization, origin and applications: 1-62.

GUGGENHEIM S, KREKELER M P S, 2011. The structures and microtextures of the palygorskite-sepiolite group minerals. Developments in Clay Science, 3: 3-32.

HARRIS P M, KENDALL C G, LERCHE J, 1985. Carbonate cementation: A brief review//SCHNEIDERMANN N, HARRIS P M. Carbonate cements. Society of Economic Paleontology and Mineralogy. Special Publication: 36: 79-95.

HERLINGER R, ZAMBONATO E E, DE ROS L F, 2017. Influence of diagenesis on the quality of Lower Cretaceous pre-salt lacustrine carbonate reservoirs from Northern Campos Basin, offshore Brazil. Journal of Sedimentary Research, 87(12): 1285-1313.

JIANG Z X, LIU H, ZHANG S W, et al., 2011. Sedimentary characteristics of large-scale lacustrine beach-bars and their formation in the Eocene Boxing Sag of Bohai Bay Basin, East China. Sedimentology, 58(5): 1087-1112.

LEPLEY S, PICCOLI L, CHITALE V, et al., 2017. The importance of understanding diagenesis for the development of pre-salt lacustrine carbonates. AAPG Annual Convention and Exhibition, Houston, Texas, USA, Abstracts: 90291.

LIMA B E M, DE ROS L F, 2019. Deposition, diagenetic and hydrothermal processes in the Aptian pre-salt lacustrine carbonate reservoirs of the Northern Campos Basin, offshore Brazil. Sedimentary Geology, 383: 55-81.

LUCA P H, MATIAS H, CARBALLO J, et al., 2017. Breaking barriers and paradigms in pre-salt exploration: The Pão de Açúcar discovery (offshore Brazil)//MERRILL R K, STERNBACH C A. Giant Fields of the Decade 2000~2010 (Memoir vol. 113). Tulsa: AAPG: 177-193.

MACHEL H G, 2004. Concepts and models of dolomitization: A critical reappraisal//BRAITHWAITE C J R, RIZZI G, DARKE G. The geometry and petrogenesis of dolomite hydrocarbon reservoirs (Special Publications vol. 235). London: Geological Society: 7-63.

MACHEL H G, LONNEE J, 2002. Hydrothermal dolomite:A product of poor definition and imagination. Sedimentary Geology, 152(3-4): 163-171.

MALIVA R G, 2016. Carbonate facies models and diagenesis//MALIVA R G. Aquifer characterization techniques. Berlin: Springer: 617.

MCGLUE M M, SOREGHAN M J, MICHEL E, et al., 2010. Environmental controls on shell-rich facies in tropical lacustrine rifts: A view from Lake Tanganyika's littoral. Palaios, 25: 426-438.

MEISLING K E, COBBOLD P R, MOUNT V S, 2001. Segmentation of an obliquelyrifted margin, Campos and Santos basins, southeastern Brazil. AAPG Bulletin, 85(11): 1903-1924.

MERCEDES-MARTÍN R, ROGERSON M R, BRASIER A T, et al., 2016. Growing spherulitic calcite grains in saline, hyperalkaline lakes: Experimental evaluation of the effects of Mg-clays and organic acids. Sedimentary Geology, 335: 93-102.

MERCEDES-MARTÍN R, AYORA C, TRITLLA J, et al., 2019. The hydrochemical evolution of alkaline volcanic lakes: A model to understand the South Atlantic pre-salt mineral assemblages. Earth-Science Reviews, 198: 102938.

MOHRIAK W, 2001. Salt tectonics, volcanic centers, fracture zones and the irrelationship with the origin and evolution of the South Atlantic Ocean: Geophysical evidence in the Brazilian and West African margins. 7th International Congress of the Brazilian Geophysical Society(7): 1594.

MOHRIAK W, HOBBS R, DEWEY J F, 1990. Basin-forming processes and the deep structure of the Campos Basin, offshore Brazil. Marine and Petroleum Geology, 7(2): 94-122.

MOHRIAK W, MACEDO J, CASTELLANI R, et al., 1995. Salt tectonics and structural styles in the deep-water province of the Cabo Frio Region, Rio de Janeiro, Brazil//JACKSON M P A, ROBERTS D G, SNELSON S, et al. Salt tectonics: A global perspective(Memoir vol. 65). Tulsa: AAPG: 273-304.

NEILSON J E, OXTOBY N H, 2008. The relationship between petroleum, exotic cements and reservoir quality in carbonates:A review. Marine and Petroleum Geology, 25(8): 778-790.

NOACK Y, DECARREAU A, BOUDZOUMOU F, et al., 1989. Low-temperature oolitic talc in Upper Proterozoic rocks, Congo. SEPM Journal of Sedimentary Research, 59(5): 717-723.

OJEDA H A O, 1982. Structural framework, stratigraphy, and evolution of Brazilian marginal basins. AAPG Bulletin, 66(6): 732-749.

OREIRO S G, CUPERTINO J A, SZATMARI P, et al., 2008. Influence of pre-salt alignments in post-Aptian magmatism in the Cabo Frio High and its surroundings, Santos and Campos basins, SE Brazil: An example of non-plume-related magmatism. Journal of South American Earth Sciences, 25(1): 116-131.

OSLEGER D A, READ J F, 1991. Relation of eustasy to stacking patterns of meter-scale carbonate cycles, Late Cambrian, USA. Journal of Sedimentary Petrology, 61: 1225-1252.

PALERMO D, AIGNER T, GELUK M, et al., 2008. Reservoir potential of a lacustrine mixed carbonate/ siliciclastic gas reservoir: The Lower Triassic Rogenstein in the Netherlands. Journal of Petroleum Geology, 31(1): 61-95.

PEREIRA M J, FEIJÓ F J, 1994. Bacia de Santos. Boletim de Geociências da Petrobrás, 8(1): 219-234.

PLATT N H, WRIGHT V P, 1991. Lacustrine carbonates: Facies models, facies distribution and hydrocarbon aspects//ANADÓN P, CABRERA L, KELTS K. Lacustrine facies analysis. International Association of Sedimentologists, Special publication: 13: 57-74.

PONTE F C, REISS J D, 1977. Eastern Brazil continental margin. AAPG Bulletin, 61: 1321-1350.

POROS Z, JAGNIECKI E, LUCZAJ J, et al., 2017. Origin of Silica in pre-salt carbonates, Kwanza Basin, Angola. AAPG Annual Convention and Exhibition. Houston, Texas, USA, Abstracts: 51413.

POZO M, CASAS J, 1999. Origin of kerolite and associated Mg clays in palustrine-lacustrine environments. The Esquivias deposit (Neogene Madrid Basin, Spain). Clay Minerals, 34(3): 395-418.

POZO M, CALVO J P, 2018. An overview of authigenic magnesian clays. Minerals, 8(11): 520.

POZO M, CARRETERO M I, GALÁN E, 2016. Approach to the trace element geochemistry of non-marine sepiolite deposits: Influence of the sedimentary environment (Madrid Basin, Spain). Applied Clay Science, 131: 27-43.

PRETO N, BREDA A, CORSO J D, et al., 2017. The Loppio oolitic limestone (Early Jurassic, Southern Alps): A prograding oolitic body with high original porosity originated by a carbonate platform crisis and recovery. Marine and Petroleum Geology, 79: 394-411.

RAILSBACK L B, 1984. Carbonate diagenetic facies in the Upper Pennsylvanian Dennis Formation in Iowa, Missouri, and Kansas. Journal of Sedimentary Research, 54(3): 986-999.

READ J F, GOLDHAMMER R K, 1988. Use of Fischer plots to define third-order sea-level curves in Ordovician peritidal cyclic carbonates, Appalachians. Geology, 16(10): 895-899.

REID R P, BROWNE K M, 1991. Intertidal stromatolites in a fringing Holocene reef complex, Bahamas. Geology, 19(1): 15-18.

RIDING R, 1991. Calcareous algae and stromatolites. Heidelberg: Springer-Verlag: 21-51.

RIDING R, 2000. Microbial carbonates: The geological record of calcified bacterial-algal mats and biofilms. Sedimentology, 47(s1): 179-214.

SALEM A M, MORAD S, MATO L F, et al., 2000. Diagenesis and reservoir-quality evolution of fluvial sandstones during progressive burial and uplift: Evidence from the Upper Jurassic Boipeda Member, Reconcavo Basin, Northeastern Brazil. AAPG Bulletin, 84(7): 1015-1040.

SALLER A, RUSHTON S, BUAMBUA L, et al., 2016. Presalt stratigraphy and depositional systems in the Kwanza Basin, offshore Angola. AAPG Bulletin, 100(7): 1135-1164.

SCHWARZACHER W, 1993. Cyclostratigraphy and the Milankovitch theory. Amsterdam: Elsevier: 1-225.

SIERRO F J, LEDESMA S, FLORES J A, et al., 2000. Sonic and gamma-ray astrochronology: Cycle to cycle calibration of Atlantic climatic records to Mediterranean sapropels and astronomical oscillations. Geology, 28(8): 695-698.

SINGH Y, 2012. Deterministic inversion of seismic data in the depth domain. The Leading Edge, 31(5): 538-545.

SOMBRA C L, ARIENTI L M, PEREIRA M J, et al., 1990. Parameters controlling porosity and permeability in clastic reservoirs of the Merluza Deep Field, Santos Basin, Brazil. Boletim de Geocienciasda PETROBRAS, 4(4): 451-466.

SZATMARI P, MOHRIAK W U, 1995. Plate model of post-breakup tectono-magmatic activity in SE Brazil and the adjacent Atlantic. V Simposio Nacio-nal de Estudos Tectonicos, 5: 213-214.

SZATMARI P, MILANI E, LANA M, et al., 1985. How South Atlantic rifting affects Brazilian oil reserves. Oil and Gas Journal, 83(2): 107-113.

TEBOUL P A, KLUSKA J M, MARTY N C M, et al., 2017. Volcanic rock alterations of the Kwanza Basin, offshore Angola-Insights from an integrated petrological, geochemical and numerical approach. Marine and Petroleum Geology, 80: 394-411.

TEBOUL P A, DURLET C, GIRARD J P, et al., 2019. Diversity and origin of quartz cements in continental carbonates: Example from the Lower Cretaceous rift deposits of the South Atlantic margin. Applied Geochemistry, 100: 22-41.

TEN VEEN J H, POSTMA G, 1996. Astronomically forced variations in gamma-ray intensity: Late Miocene hemipelagic successions in the eastern Mediterranean basin as a test case. Geology, 24: 15-18.

TERRA J G S, SPADINI A R, FRANÇA A B, et al., 2010. Classificações clássicas de rochas carbonáticas. Boletin Geociencias Petrobras, 18: 9-29.

THOMPSON D L, STILWELL J D, HALL M, 2015. Lacustrine carbonate reservoirs from Early Cretaceous rift lakes of western Gondwana: Pre-salt coquinas of Brazil and West Africa. Gondwana Research, 28(1): 26-51.

TORSVIK T H, ROUSSE S, LABAILS C, et al., 2009. A new scheme for the opening of the South Atlantic Ocean and the dissection of an Aptian salt basin. Geophysical Journal International, 177(3): 1315-1333.

TOSCA N J, MASTERSON A L, 2014. Chemical controls on incipient Mg-silicate crystallization at 25 ℃: Implications for early and late diagenesis. Clay Minerals, 49: 165-194.

TOSCA N J, WRIGHT V P, 2015. Diagenetic pathways linked to labile Mg-clays in lacustrine carbonate reservoirs: A model for the origin of secondary porosity in the Cretaceous pre-salt Barra Velha Formation, offshore Brazil. (Special Publications vol. 435). London: Geological Society: 33-46.

TOSCA N J, MACDONALD F A, STRAUSS J V, et al., 2011. Sedimentary talc in Neoproterozoic carbonate successions. Earth and Planetary Science Letters, 306(1-2): 11-22.

TUCKER M E, WRIGHT V P, 1990. Carbonate Sedimentology. Oxford, London: Blackwell Science: 498.

TUTOLO B M, TOSCA N J, 2018. Experimental examination of the Mg-silicate-carbonate system at ambient temperature: Implications for alkaline chemical sedimentation and lacustrine carbonate formation. Geochimica et Cosmochimica Acta, 225: 80-101.

UNRUG R, 1996. The assembly of Gondwanaland. Episodes, 19(1-2): 11-20.

VINCENTELLI M G C, FAVORETO J, CONTRERAS S A C, 2017. Seismic interpretation and geological facies distribution analysis for carbonate's reservoirs(Albian) at Enchova oil field//15th International Congress of the Brazilian Geophysical Society & EXPOGEF, Rio de Janeiro, Brazil, 31 July-3 August 2017. Brazilian Geophysical Society: 74-78.

WEEDON G P, 2003. Time-series analysis and cyclostratigraphy: Examining stratigraphic records of environmental cycles. Cambridge, UK: Cambridge University Press: 91-128.

WILLIAMS B G, HUBBARD R J, 1984. Seismic stratigraphic framework and depositional sequences in the Santos Basin, Brazil. Marine and Petroleum Geology, 1(2): 90-104.

WOODS A D, 2013. Microbial ooids and cortoids from the Lower Triassic (Spathian) Virgin Limestone, Nevada, USA: Evidence for an Early Triassic microbial bloom in shallow depositional environments. Global and Planetary Change, 105: 91-101.

WRIGHT V P, 1992. A revised classification of limestones. Sedimentary Geology, 76(3-4): 177-185.

WRIGHT V P, 2012. Lacustrine carbonates in rift settings: The interaction of volcanic and microbial processes on carbonate deposition//GARLAND J, NEILSON J E, LAUBACH S E. et al. Advances in carbonate exploration and reservoir analysis(Special Publications vol. 370). London: Geological Society: 39-47.

WRIGHT V P, BARNETT A J, 2015. An abiotic model for the development of textures in some South Atlantic Early Cretaceous lacustrine carbonates//BOSENCE D W J, GIBBONS K A, LE HERON D P, et al. Microbial carbonates in space and time: Implications for global exploration and production (Special Publications vol. 418). London: Geological Society: 209-219.

YENIYOL M, 2014. Characterization of two forms of sepiolite and related Mg-rich clay minerals from Yenidoğan (Sivrihisar, Turkey). Clay Minerals, 49(1): 91-108.

YU Z, LERCHE I, LOWRIE A, 1992. Thermal impact of salt: Simulation of thermal anomalies in the gulf of Mexico. Pure and Applied Geophysics, 138(2): 181-192.

YURETICH R F, CERLING T E, 1983. Hydrogeochemistry of Lake Turkana, Kenya: Mass balance and mineral reactions in an alkaline lake. Geochimica et Cosmochimica Acta, 47(6): 1099-1109.

ZALÁN P V, WOLFF S, ASTOLFI M A M, et al., 1990. The Parana basin, Brazil//LEIGHTON M W, KOLATA D R, OLTZ D F, et al. Interior cratonic basins (Memoir vol. 51). Tulsa: AAPG: 681-708.

ZALÁN P V, WOLFF S, CONCEICAO J C J, et al., 1991. Tectonics and sedimentation of the Parana basin: Proceedings, Gondwana VII. Universidade de Sao Paulo: 83-117.